DIE TALSPERREN ÖSTERREICHS

12. Talsperrenkongreß in Mexiko 1976
Österreichische Beiträge verfaßt von

Dr. phil. W. Demmer
Dipl. Ing. Dr. techn. R. Fenz
Dipl. Ing. W. Finger
Dipl. Ing. O. Ganser
Prof. Dr. techn. Dr. E. h. H. Grengg
Dipl. Ing. Dr. techn. G. Heigerth
Dipl. Ing. Dr. techn. H. Kießling
Dipl. Ing. Dr. techn. F. Neiger
Dipl. Ing. Dr. techn. R. Partl
Ing. J. Rainer
Ing. K. Rienößl
Dipl. Ing. P. Schnelle
Prof. Dipl. Ing. Dr. techn. W. Schober
Dipl. Ing. H. Stäuble
Dipl. Ing. Dr. techn. R. Widmann

WIEN 1975

ISBNB 978-3-211-81397-3 ISBN 978-3-7091-5623-0 (eBook)
DOI 10.1007/978-3-7091-5623-0

Eigenverlag des Österr. Wasserwirtschaftsverbandes, Wien
In Kommission bei Springer-Verlag, Wien-New York

INHALTSVERZEICHNIS

Österreichische Beiträge zum 12. Talsperrenkongreß in Mexiko 1976

VORWORT DER SCHRIFTLEITUNG

Einer alten Tradition folgend, haben sich die Herausgeber dieser Schriftenreihe entschlossen, wieder ein Heft mit den österreichischen Beiträgen für den 12. Talsperrenkongreß in Mexiko 1976 herauszugeben. Es liegen neun Berichte vor, die im Sinne der von der ICOLD festgelegten Gliederung des Inhaltes nach folgenden Themengruppen geordnet wurden :

1. Probleme bei Sonderarten von Schüttdämmen
2. Sickeruntersuchungen und Entwässerung von Sperrenbauwerken und ihrer Gründungen
3. Voruntersuchungen bei Speicheranlagen
4. Auswirkungen einiger Umweltfaktoren auf Sperrenbauwerke und Speicher

Da dieses Heft noch vor dem Kongreß erscheint, mußte auf die Veröffentlichungen der zu erwartenden österreichischen Diskussionsbeiträge verzichtet werden. Diese Beiträge werden später im offiziellen Kongreßband in englischer oder französischer Sprache nachzulesen sein.

Im Namen des Herausgebers und als Schriftleiter nütze ich die Gelegenheit, allen Mitarbeitern herzlich zu danken.

H. Simmler

1. FRAGE 44 : PROBLEME BEI SONDERARTEN VON SCHÜTTDÄMMEN

44.1 SCHÜTTDÄMME DURLASSBODEN UND EBERLASTE, GROSSE SETZUNGEN UND UNTERSTRÖMUNGEN IN DER ÜBERLAGERUNG

Ing.K.Rienößl, Dipl.Ing.P.Schnelle

1. Einführung

Die Tauernkraftwerke AG, Salzburg, Austria, errichtete im vergangenen Jahrzehnt die Schüttdämme Durlaßboden und Eberlaste im Zillertal. Der Durlaßbodendamm erhielt einen zentralen, mit Bentonit vergüteten Dichtungskern und als Untergrunddichtung einen mehrreihigen Injektionsschirm (Abb.1), während der Eberlastedamm mit einem vertikalen Asphaltbetonkern sowie mit einer mittels Ton-Zementbeton verfüllten Schlitzwand im Untergrund hergestellt wurde (Abb.2).

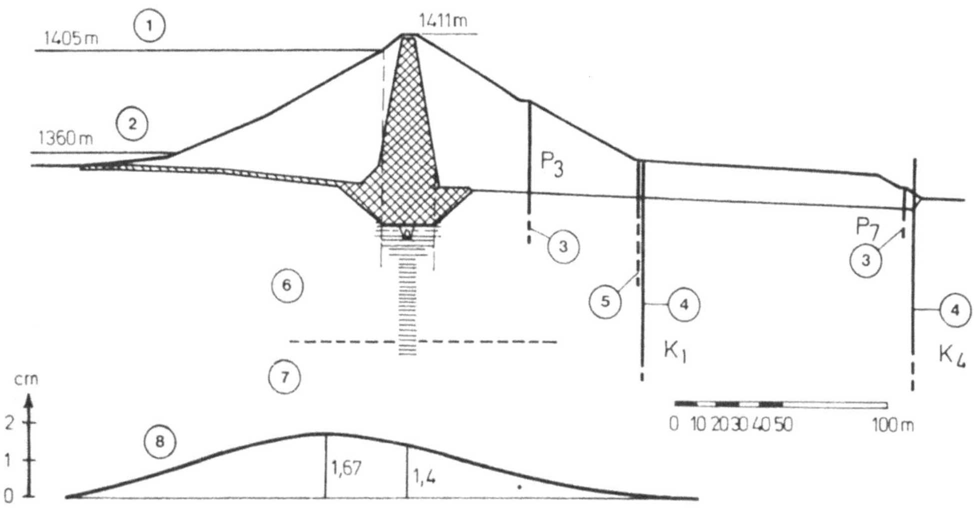

Abb.1. Staudamm Durlaßboden - Regelquerschnitt

(1) .. Stauziel
(2) .. Absenkziel
(3) .. Piezometerlöcher
(4) .. Tiefe Piezometer
(5) .. Entspannungsbrunnen
(6) .. Sandiger Kies
(7) .. Schluffsandschicht
(8) .. Elastische Hebungen beim Aufstau

Unterscheiden sich beide Dämme in den Baustoffen ihrer Dichtungselemente grundlegend voneinander, so haben sie doch zwei sehr wesentliche Konstruktionsprinzipien gemeinsam: Die Untergrunddichtungen waren in sehr heterogen, stark zusammendrückbaren und erosionsanfälligen Böden herzustellen und konnten aus wirtschaftlichen Gründen nicht auf die gesamte Länge an den dichten Fels angeschlossen werden. Die Kontrollen während der Bauzeit und der anschließenden Betriebsführung hatten daher vor allem jene Beobachtungsergebnisse zu liefern, die eine Beurteilung der oben angeführten Besonderheiten sowohl hinsichtlich der gelungenen Realisierung des Projektsgedanken, als auch des Langzeitverhaltens ermöglichten.

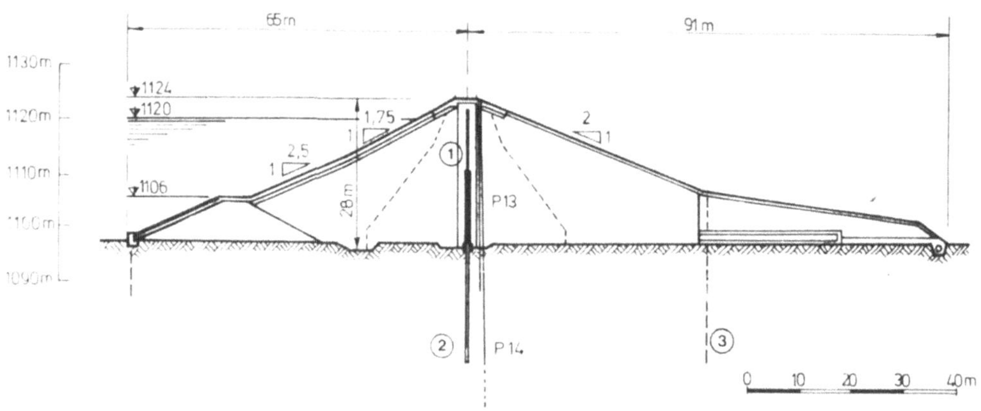

Abb.2. Staudamm Eberlaste - Regelquerschnitt

(1) .. Asphaltbeton - Dichtungskern
(2) .. Schlitzwand
(3) .. Entspannungsbrunnen

2, Der Staudamm Durlaßboden

In den Jahren 1963 bis 1968 wurde der rund 7o m hohe Staudamm Durlaßboden mit einem Schüttvolumen von 2,5 Mio m3 hergestellt. Über den Damm und dessen Untergrunddichtung wurde bereits beim 9.Internationalen Talsperrenkongreß 1967 (Q.32/R.42) und beim 1o.Internationalen Talsperrenkongreß (Q.37/R.15) berichtet. Im Sperrenprofil wurde an der linken Talflanke sowohl durch Bohrungen als auch durch Untersuchungsstollen grüner fester Karbonat-Epidot-Chloritschiefer erkundet. Der rechte Hang wird aus einer mächtigen, im Talboden festgefahrenen Gleitscholle aus dunklen Phylliten und Karbonatquarziten aufgebaut. In der Talmitte zeigen die alluvialen Ablagerungen keinen gleichmäßigen Schichtaufbau, und es wechseln der Höhe und Lage nach Sande, Kies und Schotter mit Sanden, schluffigen Sanden und feinen Schluffen. In allen Bohrungen im Bereich der Dammachse konnte aber in 3o - 5o m Tiefe eine 5 bis 3o m mächtige Zone aus Schluff bzw.feinsandigem Schluff festgestellt werden, die am linken Hang an eine Grundmoräne und am rechten Hang an die Gleitscholle anschließt. Auch in der Längsachse des Tales konnte die Erstreckung dieser Schluffschicht durch einige Bohrungen nachgewiesen werden. Die an verschiedenen Beobachtungspunkten ermittelte horizontale Durchlässigkeit der über der genannten Schluffschicht liegenden sandigen Kiese beträgt im Durchschnitt $1 \cdot 1o^{-4}$ m/s, während jene der Schluffschicht selbst bei ~ $1 \cdot 1o^{-6}$ m/s liegt.

Der Konstruktionsgedanke war, den Untergrund in der Talmitte unter dem Damm bis zur Schluffsandschicht in rund 45 m Tiefe durch eine Injektionsschürze abzuriegeln und luftseitig des Dammes durch Entspannungsbrunnen das restliche Sickerwasser schadlos abzuführen. Die durchlässige Kiessandschicht unterhalb der Schluffsande wurde nicht gedichtet; sie ist durch die halbdurchlässigen Schluffsande nach oben abgedeckt. Zur Überwachung der Durchströmung dieser tiefen Schicht wurden 2 Piezometer, K1 und K4, abgeteuft.

Die Untergrunddichtung erfolgte in Talmitte in den Alluvionen durch einen drei- bis achtreihigen Injektionsschirm mit ~ 1o.6oo m2 Fläche, in dem 22.5oo m3 Ton-Zementsuspension, 25.1oo m3 Bentonit-Gel und 6.7oo m3 chemisches Injektionsgut (Algonit-Gel) verpreßt wurden. Im linken Hang setzt sich der Schirm mit einer Fläche von 4.8oo m2, in den 1.9oo t Zement injiziert wurden, einreihig im Fels fort. In der Gleitscholle am rechten Hang mußte ein zweireihiger Injektionsschirm, der mit Manschettenrohren ausgestattet war, abgeteuft werden. In 1o.ooo m2 Schirmfläche wurden insgesamt 1o.1oo m3 Ton-Zementbeton-Suspension und 5.1oo m3 Bentonit-Zement-Suspension verpreßt.

Die Überprüfung nach Fertigstellung ergab Durchlässigkeiten an beiden Flanken < 3 Lugeon und in Talmitte einen mittleren k-Wert von $o{,}8 \cdot 1o^{-6}$ m/s, errechnet aus Versuchen in 9 Kontrollbrunnen nach Fertigstellung der Schürze. Über das Langzeitverhalten der Dichtungsschürze in den Alluvionen soll nachstehend berichtet werden.

Der erste Vollstau im Speicher Durlaßboden wurde 1968 erreicht. In (Abb.3) ist die zeitliche Veränderung der Gesamtschüttung der Entspannungsbrunnen und des Grundwasserspiegel-Gefälles luftseitig des

Dammes, repräsentiert durch die Messungen in den Piezometern P 3 und P 7, aufgetragen.

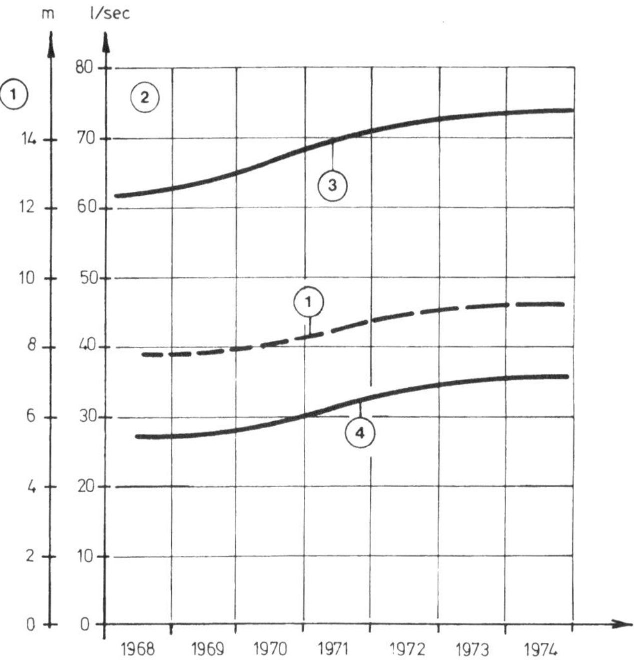

Abb.3. Staudamm Durlaßboden - Zeitlicher Verlauf der Sickerwassermengen und des Grundwasserspiegels

(1) .. Grundwasserspiegeldifferenz zwischen T 3 und T 7
(2) .. Sickerwassermenge
(3) .. Gesamte Sickerwassermenge durch die Dichtungsschürze
(4) .. Aus dem Entspannungsbrunnen austretende Sickerwassermenge

Die Meßergebnisse der tiefen Piezometer K 1 und K 4 sind seit dem ersten Vollstau im Jahre 1968 praktisch unverändert, das heißt, daß sich die Grundwasserverhältnisse in den tief liegenden Kiesschichten nicht geändert haben. Daraus kann geschlossen werden, daß sich die Durchlässigkeit der Schluffsandzone, die die Kiesschichte abdeckt, nicht verändert hat. Die Zunahme der Wassermenge und die Veränderung der Grundwasserspiegellinie dürften demnach auf eine Veränderung der Dichtungsschürze zurückzuführen sein. Die den Dichtungsschirm durchströmende Wassermenge setzt sich aus jenem Anteil, der in den Entspannungsbrunnen austritt, und jenem Teil, der im Untergrund luftseitig der Entspannungsbrunnen abfließt, zusammen. Das gemessene Grundwasserspiegel-Gefälle zwischen den Piezometern

P3 und P7 ist daher auf die beiden Abschnitte vom P3 bis zur Ebene der Entspannungsbrunnen und von der Ebene der Entspannungsbrunnen luftseitig bis zum Piezometer P7 entsprechend aufzuteilen. 1968 betrug das mittlere Gefälle zwischen den Piezometern P3 und P7 7,9o m oder 4,78 %. Unter der berechtigten Annahme, daß die Durchflußfläche im Untergrund talein- und talauswärts der Entspannungsbrunnen gleich groß ist, betrug das Gefälle wasserseitig der Entspannungsbrunnen im Jahre 1968 6,91 % und luftseitig 3,91 %. Im Jahre 1974 haben sich diese Werte auf 8,3 % bzw. 4,35 % vergrößert. Im gleichen Zeitraum ist auch die Sickerwassermenge aus den Entspannungsbrunnen von 27,o auf 35,5 l/s angestiegen. Bei Annahme einer durchströmten Fläche von 9.ooo m2 und eines Durchlässigkeitsbeiwertes in den Alluvionen von 1 . $1o^{-4}$ m/s ergibt sich mit dem ermittelten Grundwasserspiegel-Gefälle für das Jahr 1968 eine Gesamtwassermenge (einschließlich der Entspannungsbrunnen) von 62.2 l/s. Unter den gleichen geometrischen Annahmen, jedoch mit dem für 1974 errechneten Grundwasserspiegel-Gefälle, beträgt die Gesamtwassermenge im Jahre 1974 74,7 l/s.

Der Gesamtdurchfluß durch die Dichtungsschürze Q errechnet sich für den Staudamm Durlaßboden mit

$$Q = a \cdot k_d \cdot \Delta H \cdot B$$

unter folgenden Annahmen:

B = 2oo m ... mittlere Talbreite,
ΔH = 6o m ... Druckhöhe,
t_1 = 45 m ... mittlere Tiefe der Dichtungsschürze,
b_d = 8 m ... Stärke der Dichtungsschürze,
$b \sim$ 9o m ... Länge des Dichtungsteppichs.

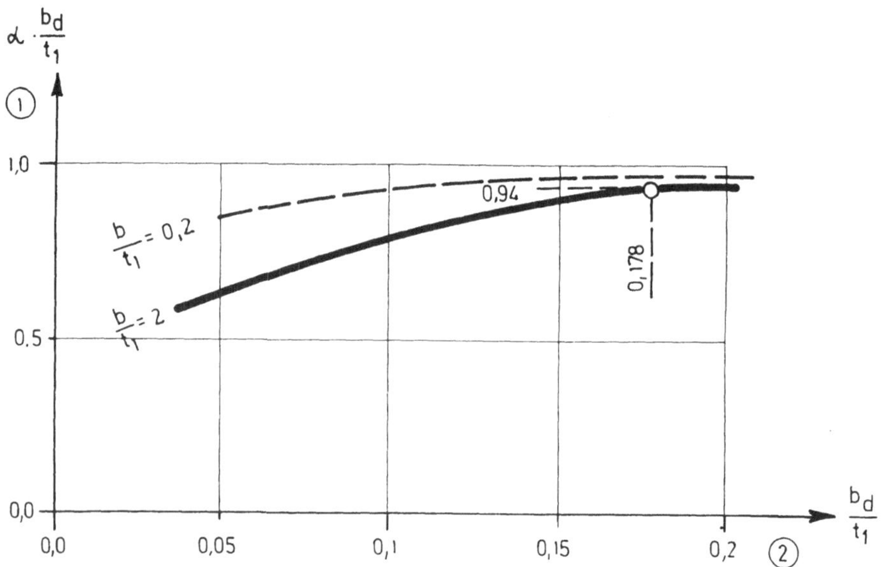

Abb.4. Staudamm Durlaßboden - Abhängigkeit des Formfaktors von den geometrischen Kenngrößen

(1) .. Formfaktor im elektrischen Widerstandsnetz ermittelt, ausgewertet für das Durchlässigkeitsverhalten k_1/k_d = 1oo

(2) .. Geometrische Beziehung der Dichtungselemente

Die Werte wurden entnommen der Mitteilungen der Versuchsanstalt für Bodenmechanik und Grundbau - Technische Hochschule Darmstadt, Heft 5, Juni 197o : "Zur Frage der Erosionssicherheit von unterströmten Dämmen". (H.Günther)

Aus der (Abb.4) kann näherungsweise folgender Wert entnommen werden :

Annahme für 1968 : $\frac{k_1}{k_d} \sim 1oo$

$$a \text{ (Formfaktor)} = o,94 \cdot \frac{t_1}{b_d}$$

$$k_d \text{ (Durchlässigkeitsbeiwert der Injektionsschürze)} = \frac{Q}{a \cdot \Delta H \cdot B} =$$

$$\frac{o,o622}{o,75 \cdot \frac{45}{8} \cdot 6o \cdot 2oo} = o,98 \cdot 1o^{-6} \text{ m/s.}$$

Es ist zu ersehen, daß der aus der durchströmten Wassermenge rückgerechnete Durchlässigkeitsbeiwert für die Dichtungsschürze mit dem aus den Kontrollbrunnen ermittelten Wert von o,8 . $1o^{-6}$ m/s annähernd übereinstimmt. Der Durchlässigkeitsfaktor k_d errechnet sich für das Jahr 1974 unter den gleichen Annahmen mit 1,2 . $1o^{-6}$ m/s. Die Durchlässigkeit der Dichtungsschürze hat daher vom Jahre 1968 bis 1973 um etwa 2o % zugenommen. In den ersten 5 Jahren des Betriebes hat sich ein neuer Gleichgewichtszustand eingestellt; seit etwa 2 Jahren ist die Durchlässigkeit der Injektionsschürze nunmehr konstant und kann als der tatsächlich erreichte Dichtungserfolg bezeichnet werden. Man sieht aus diesem Beispiel, daß durch die Veränderungen der Strömungsverhältnisse im Untergrund zufolge des Aufstaues und der Dichtungsmaßnahmen eine geraume Zeit erforderlich ist, bis sich der neue Gleichgewichtszustand wieder eingestellt hat. Aussagen über den endgültigen Dichtungserfolg können daher erst gemacht werden, wenn nach einigen Jahren eine Konstanz in den Meßergebnissen eingetreten ist.

Wie aus (Abb.5) zu ersehen ist, sind die Verformungen des Untergrundes beinahe abgeklungen, was ebenfalls auf die Konsolidierung und den Eintritt eines neuen Gleichgewichtszustandes schließen läßt. Bemerkenswert an den Ergebnissen der Setzungsmessungen ist die Tatsache, daß - abhängig vom Speicherspiegel - jährlich wiederkehrende elastische Hebungen und Setzungen beobachtet werden können. Die gleichen Bewegungstendenzen sind auch z.B. im rechten Hang im meßtechnisch überwachten Sondierstollen Nord festzustellen. Da bei vollem Becken Hebungen und bei abgesenktem Speicherspiegel Setzungen beobachtet werden, kann die Ursache nicht in der Wasserbelastung, sondern nur in den wechselnden Gewichten über und unter Wasser der im Schwankungsbereich des Speicherspiegels liegenden Lockermassen liegen. Porenwasserdrücke, die unter Umständen auch durch Veränderung der effektiven Spannungen einen Einfluß auf die Bewegungen haben könnten, scheiden in diesem Fall als Mitursache aus. Die entsprechenden Messungen haben gezeigt, daß bei den Belastungsänderungen zufolge Stauspiegelschwankungen, die im Durchschnitt nur bei o,3 m/Tag liegen, keine meßbaren Porenwasser-Überdrücke aufgetreten sind. Eine Aufweitung des Speicherbeckens, wie sie vereinzelt in der Literatur beschrieben wird, tritt bei einer mit Lockermassen bedeckten Beckenumrandung und vorhandener, genügend tiefer Felsüberschüttung im Talboden nicht auf.

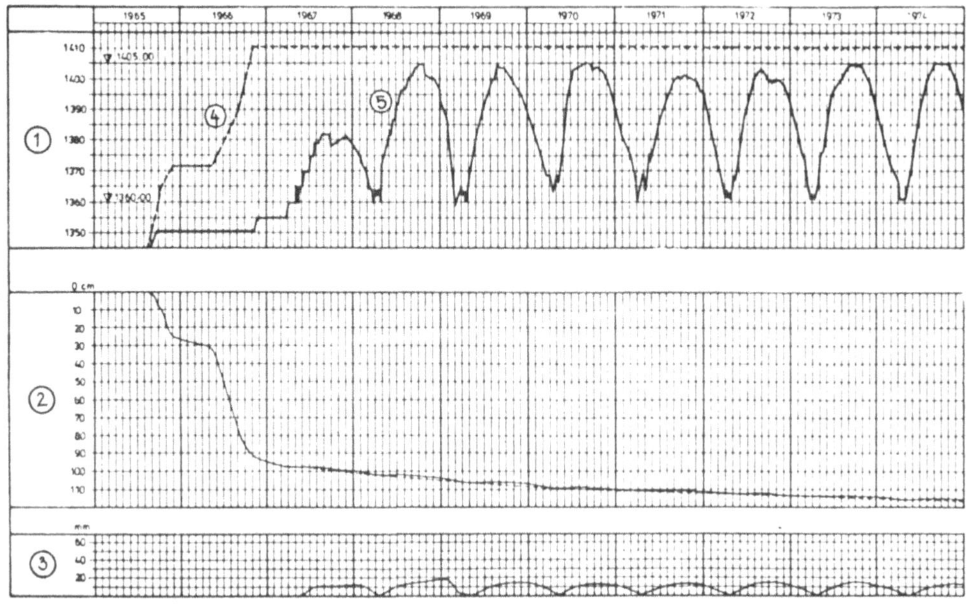

Abb.5. Staudamm Durlaßboden - Zeitlicher Verlauf der Stauhöhe und der gemessenen Setzungen

(1) .. Seehöhe über dem Meer in m
(2) .. Setzungen in cm
(3) .. Elastische Hebungen in mm
(4) .. Schütthöhe in m
(5) .. Stauverlauf

Für die Auswertung der Messungen wurde jener Dammbereich herangezogen, in dem die maximalen Setzungen aufgetreten sind und für den keine Beeinflussung zufolge des breiten Tales von den Hängen zu erwarten war. Untersucht wurde mithilfe der FINITE ELEMENT METHOD die Änderung der Setzungsmulde im Dammquerschnitt zufolge der Änderung der effektiven Spannung durch die Spiegelschwankung im wasserseitigen Stützkörper und im Kern. Zum Vergleich stehen die Setzungsmessungen aus dem in der Dammaufstandsfläche angeordneten Kontrollgang für einen Zeitraum von 6 Jahren zur Verfügung.

Selbstverständlich kann der heterogene Aufbau des Untergrundes, insbesondere die eigentlichen Kennwerte der verschiedenen horizontalen Bodenschichten, nicht aus den Setzungsmessungen an der Oberfläche allein erfaßt werden. Für die folgenden Untersuchungen mußte daher ein näherungsweise homogener Aufbau des Untergrundes angenommen werden.

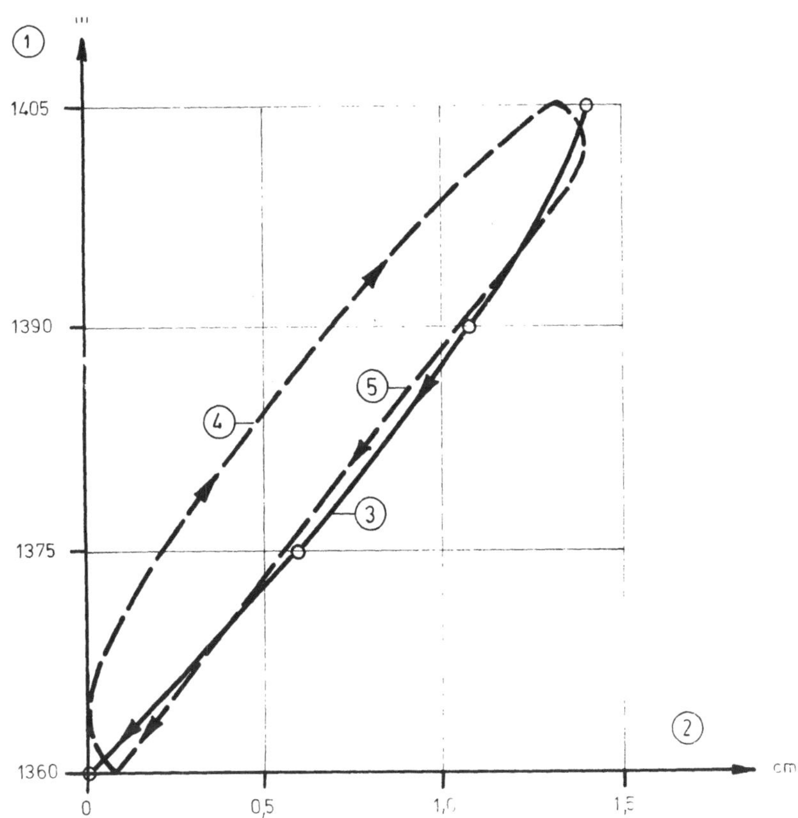

Abb. 6. Staudamm Durlaßboden - Elastische Deformationen durch Spiegeländerungen

(1) .. Stauhöhe
(2) .. Elastische Deformation
(3) .. Gerechnete Setzung beim Abstau
(4) .. Gemessene Hebung beim Aufstau
(5) .. Gemessene Setzung beim Abstau

Unter Berücksichtigung des zeit- und lastabhängigen, das heißt rheologischen Verhaltens der alluvialen Talauffüllung, ergab sich bei einer Setzung von 1,1 m bei der Erstbelastung durch die Dammschüttung ein durchschnittlicher Verformungsmodul von 900 kp/cm2. Für die elastischen Bewegungen von 1,4 cm errechnet sich ein E-Modul von etwa 5.000 kp/cm2 (Abb.1). In (Abb.6) sind die errechneten elastischen Verformungen für die verschiedenen Speicherspiegelstände aufgetragen. Aus dem Vergleich mit den tatsächlich gemessenen Werten ist eine recht gute Übereinstimmung zu erkennen. Der Unterschied zwischen den gemessenen und gerechneten Werten beträgt weniger als 1 mm.

Die seit dem ersten Vollstau im Jahre 1968 immer wiederkehrenden, unveränderten elastischen Hebungen und Senkungen bestätigen das einwandfreie Langzeitverhalten der Dammgründung.

3, Der Staudamm Eberlaste

Der in den Jahren 1966 bis 1968 errichtete Erddamm Eberlaste mit einer Schüttkubatur von o,8 Mio m3 bei einer Höhe von 28 m wurde bereits in mehreren Publikationen von Talsperrenkongressen behandelt.

An der Sperrenstelle ist die sehr tiefe Felsrinne im wesentlichen mit sandig-kiesigen Bachanlandungen aufgefüllt. Gegen die Talränder zu ist die alluviale Talauffüllung mit Hangschuttmassen verzahnt, und am Talrand herrschen wasserdurchlässige blockreiche Einstreuungen von den Talflanken her vor. Die Bachanlandungen werden in der Talmitte von einer etwa 2o m dicken Schluff-Sandschicht überlagert. Die Schuttmassen und die Bachanlandungen sind äußerst heterogen aufgebaut. An beiden Talflanken ist der gewachsene Fels (Gneis) unter geringster Bedeckung angetroffen worden; er fällt an beiden Talseiten mit etwa 6o° sehr steil ein und wurde mit den Bohrlöchern in der Talmitte nicht erreicht.

Der Erddamm Eberlaste hat, obwohl nur 28 m hoch, durch seine Konstruktion im Zusammenhang mit überraschend bei der Herstellung aufgetretenen großen Setzungen eine Reihe von wertvollen und für den Konstrukteur und den Bauherrn positiven Erkenntnissen gebracht.

Bei der Errichtung des Dammes wurde erstmals eine dünne (4o bis 5o cm) membranartige Asphaltbeton-Kerndichtung, die auf sehr nachgiebigen Untergrundverhältnissen zu fundieren war, gewählt (siehe Q.36/R.15). Bei der Ausführung der Schlitzwand als Untergrunddichtung war es erforderlich, die Ton-Zement-Verfüllmasse so abzustimmen, daß sie verschiedenen Bedingungen entsprach. Der Ton-Zementbeton mußte nach wenigen Stunden bereits so weit abgebunden sein, daß die 53 m tiefe Schlitzwand bei der abschnittsweisen Herstellung ohne Abstützung standfest war. Nach vollständiger Erhärtung durften wegen der geringen Verformungsmoduli des Untergrundes auch die entsprechenden Werte der Schlitzwandverfüllung nur bei 2oo bis 3oo kp/cm2 liegen, um zu verhindern, daß das Dichtungselement als Fremdkörper im Untergrund wirkt. Eine zu starre Ausführung der Dichtungsschürze hätte unerwünschte Last- bzw. Spannungskonzentrationen zur Folge gehabt. Die während der Schüttung eingetretenen Setzungen des Untergrundes von mehr als 2 m und ein abrupter Übergang bei der Einbindung an beiden Hängen auf die starren Felsflanken stellten für die beiden scheibenartigen Dichtungselemente im Dammkörper und im Untergrund unvorhersehbare Beanspruchungen dar.

Die Messungen und Nachrechnungen ergaben eindeutig, daß die Verformungen schadlos aufgenommen werden konnten (siehe Q.37/R.15).

Durch laufende Messungen galt es nachzuweisen, daß auch die Dauerhaftigkeit der Dichtungsmaßnahmen gegeben ist. Die projektsmäßige Unterströmung der Schlitzwand schließt eine Suffusions- bzw.Erosionsgefahr im Untergrund, vor allem bei den singulären Punkten des Strömungsnetzes und dem heterogenen Aufbau der Alluvionen, von vornherein nicht aus. Zur Beurteilung des Langzeitverhaltens der gewählten Teildichtung des Untergrundes zählen daher, neben ständiger Kontrolle der Grundwasserverhältnisse luftseitig des Dammes, selbstverständlich die Überwachung der Sickerwassermenge aber auch die Beobachtungen des Feststoffanteiles im Sickerwasser. Mitdiesen Schwebstoffmessungen wurde beim ersten Einstau im Sommer 1969 begonnen. In der Zeit vom 3.Juni bis 9.Juli 1969 wurde langsam und stufenweise vom Absenkziel auf Kote 11o6,o m bis zum damaligen Stauziel auf Kote 1116,o m aufgestaut; der Feststoffgehalt sank trotz zunehmender Sickerwassermenge sehr rasch ab (Abb.7). Etwa eine Woche nach Erreichen der Vollstaukote betrug der Mittelwert $\sim$ o,1 g/l. Die weitere Betriebsführung ergab in dem relativ kleinen Wochenspeicher oftmalige Spiegelschwankungen zwischen Absenkziel und Stauziel. Bis Mitte des Jahres 197o nahm die Schwebstofführung weiter rasch bis auf o,oo1 g/l ab. Die Menge des aus den Entspannungsbrunnen ausfliessenden Sickerwassers hat keinen Einfluß auf die Schwebstofführung. Auch die Ende 1971 vorgenommene Stauzielerhöhung von Kote 1116,o m auf 112o,o m hat sich auf die zu diesem Zeitpunkt bereits unbedeutenden Schwebstofführungen nicht ausgewirkt. Zum Vergleich sei erwähnt, daß der Feststoffanteil im natürlichen Zufluß zum Speicher immer höher liegt als der zum gleichen Zeitpunkt im Sickerwasser festgestellte Anteil. Je nach Jahreszeit schwanken die Werte des Zuflusses - ausgenommen bei Hochwasserereignissen - von o,oo1 g/l bis o,o2 g/l.

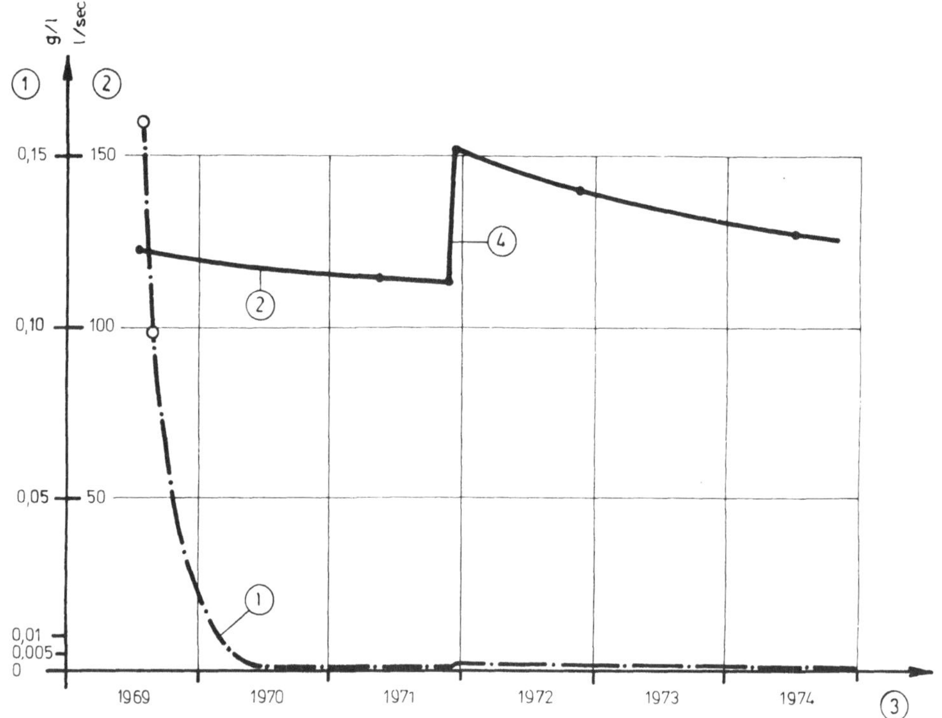

Abb.7. Erddamm Eberlaste - Zeitlicher Verlauf der Schwebstoffführung und der Sickerwassermenge

(1) .. Feststoffgehalt des Sickerwassers
(2) .. Sickerwassermenge der Entspannungsbrunnen bei Vollstau
(3) .. Betriebsjahre
(4) .. Vergrößerung der Sickerwassermenge durch Stauspiegelerhöhung von 1116 m auf 112o m

Die in den ersten 4 Jahren gemessenen Werte ≦ o,oo1 g/l bestätigen die einwandfreie Funktion der Entspannungsbrunnen als Entlastungseinrichtung.

Eine Auswertung der Wassermengen- und Wasserstandsmessungen ist zufolge der Hangeinflüsse und des daraus entstehenden dreidimensionalen Problems der Sickerwasserströmung nur ganz überschlägig möglich. Im Mittelquerschnitt des Dammes, wo die Strömungsverhältnisse am ehesten durch ein zweidimensionales Modell erfaßt werden können, ergibt sich aus den Messungen der Entspannungsbrunnen eine Sickerwassermenge bei Vollstau von ~o,8 l/s/lfm. Dieser Wert paßt nach den Voruntersuchungen ungefähr zu einem Durchlässigkeitsverhältnis von 1:1o der Schluffsande in den obersten 2o m zu den darunter liegenden Kiessanden (siehe Q.37/R.15). Unmittelbar luftseitig der Dichtungsschürze wurden Meßeinrichtungen ausgeführt; das Piezometer 14 endet mit seiner Meßstrecke bei der Unterkante der Dichtungswand und liegt damit etwa bei der 35 %-Potentiallinie, während das Piezometer 13 knapp unter dem Urgelände endet und dadurch ungefähr der Potentiallinie entspricht.

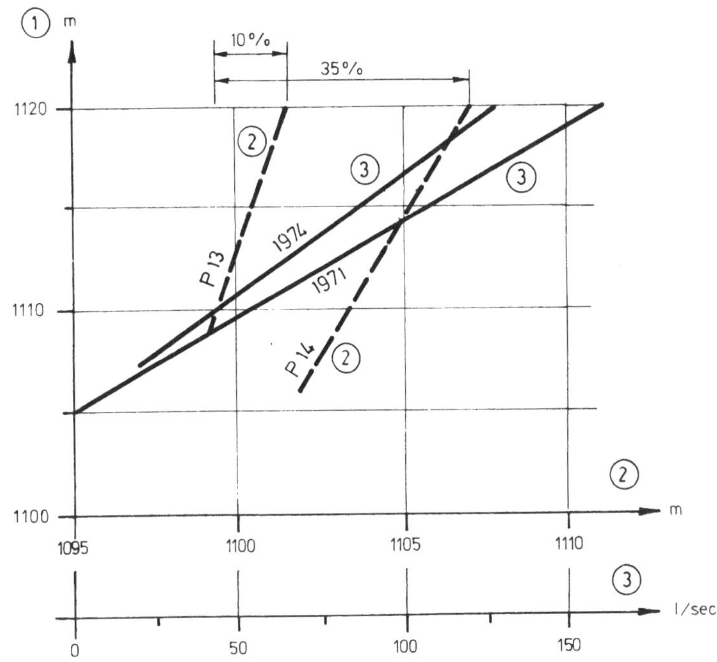

Abb.8. Erddamm Eberlaste - Sickerwassermenge und Wasserstände

(1) .. Stauhöhe
(2) .. Wasserstand in den Piezometern P 13 und P 14
(3) .. Summenwassermenge aus dem Entspannungsbrunnen

Die Messungen zeigen einerseits eine lineare Abhängigkeit zwischen Stauhöhe und Piezometerhöhe sowie Wassermenge und andererseits eine gute Übereinstimmung mit den Ergebnissen der Potentialtheorie. Die langzeitliche Veränderung ist unbedeutend; die Summenmenge aus den Entspannungsbrunnen ist seit Betriebsaufnahme um einige Prozent zurückgegangen, was auf eine Selbstdichtung im Becken schließen läßt. Der Einfluß der relativ raschen Spiegeländerung (festgestellter Maximalwert ~ o,2 m/h) führt selbstverständlich zu Hysteresisschleifen, die in Abb.8 nicht dargestellt wurden.

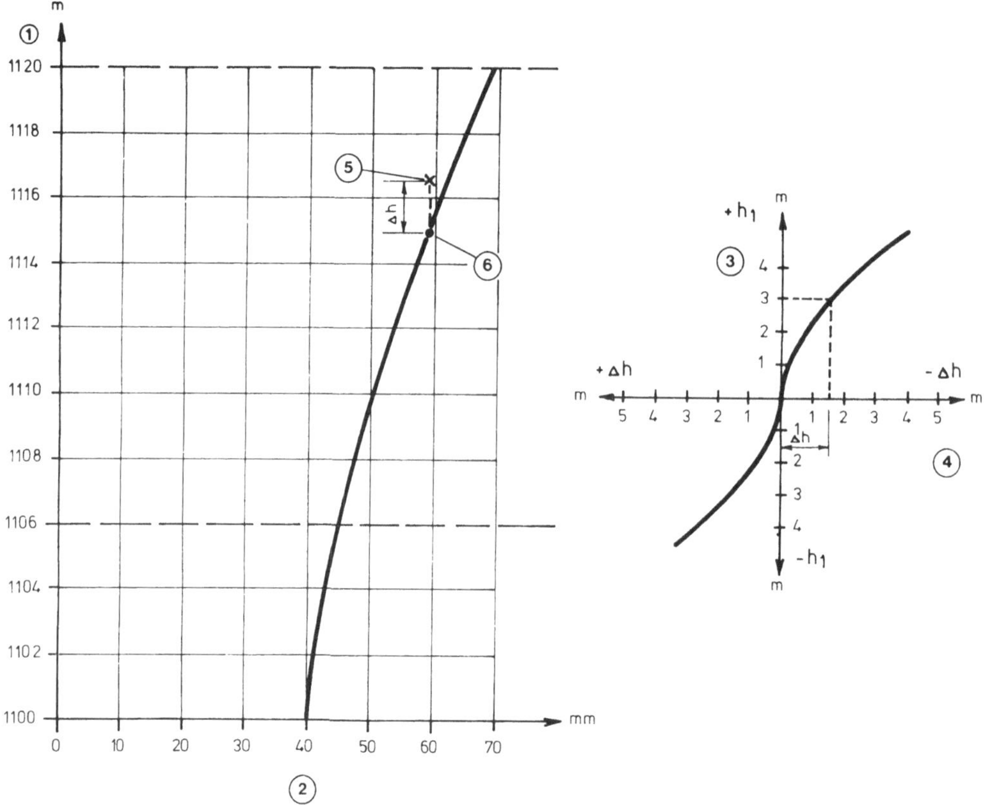

Abb.9. Erddamm Eberlaste - Elastische Horizontalverschiebung der Dammkrone

(1) .. Stauhöhe
(2) .. Elastische Horizontalverschiebung zufolge Aufstau
(3) .. Stauspiegeländerung in den letzten 48 Stunden
(4) .. Korrekturfaktor Δ h für das linke Diagramm
(5) .. Tatsächlicher Stauspiegel
(6) .. Fiktiver Stauspiegel, der für die Horizontalbewegung maßgebend ist

Interessant ist in diesem Zusammenhang, daß auch für die Dammdeformationen ein ausgeprägter Einfluß der Geschwindigkeit der Belastungsänderungen festgestellt werden konnte. Die Horizontalverschiebungen der Krone wurden unter besonderer Berücksichtigung dieses Einflusses ausgewertet. Aus dem Vergleich der Messungen ergab sich empirisch etwa folgender Korrekturfaktor:

$$\Delta h = 0{,}02 \cdot h_1^3 - 0{,}25 \cdot h_1^2 \quad \text{für } -5\ \text{m} \leqq h_1 \leqq +5\ \text{m},$$

wobei in der Gleichung der Wert h, als Spiegeländerung in den letzten 48 Stunden aufzufassen ist. Bei der Ermittlung der elastischen Horizontaldeformation gemäß Abb.9 ist daher eine fiktive Stauhöhe anzunehmen, die um jenen Korrekturfaktor Δh verändert ist, der sich aus der oben angeführten Gleichung ergibt.

Ähnlich liegen die Verhältnisse auch für die Setzungen; eine Auswertung wird aber praktisch durch die Überlagerung der rheologischen Einflüsse des Schüttmaterials mit den Auswirkungen der Spannungsänderung durch den Entfall des Auftriebes unmöglich gemacht. Aus dem gleichen Grund lassen sich auch beim Erddamm Eberlaste - zum Unterschied vom Staudamm Durlaßboden - die periodisch immer wiederkehrenden elastischen Setzungen von den bleibenden Verformungen nicht trennen. Bezüglich der bleibenden Verformungen soll noch erwähnt werden, daß die Ergebnisse der Messungen in den Jahren 1973 und 1974 genau mit den vorausberechneten Werten, die auf Grund der ersten Messungen nach der Schüttung vorgenommen wurden und im Bericht Q.42/R.45 beschrieben sind, übereinstimmen.

Zusammenfassung

Im vorliegenden Bericht wird am Beispiel der Untergrunddichtung und der Gründung des Staudammes Durlaßboden sowie des Erddammes Eberlaste dargelegt, daß bei sinnvoller und richtiger Auslegung der Dichtungselemente eine wirtschaftliche Lösung mit einer Teilabdichtung des Untergrundes gefunden werden kann.

Beim Staudamm Durlaßboden ist nach einigen Jahren bei der Unterströmung ein neuer Gleichgewichtszustand eingetreten. Die bleibenden Setzungen im Untergrund klingen aus, und die elastischen Bewegungen wiederholen sich jährlich. Diese Ergebnisse deuten auf ein einwandfreies Langzeitverhalten der Untergrunddichtung hin.

Beim Staudamm Eberlaste wurde durch die projektsgemäße Unterströmung der Dichtungsschürze ein Beobachtungssystem erforderlich, das die Überwachung der Erosions- bzw.Suffusionsgefährdung gestattet. Die Ergebnisse zeigen einen relativ rasch eingetretenen Gleichgewichtszustand. Die Setzungen erfolgen gesetzmäßig und sind im Abklingen begriffen. Die raschen Spiegelschwankungen erfordern sowohl bei den Wasserstands- als auch bei den Deformationsmessungen die Berücksichtigung der Zeiteinflüsse.

Literatur:

(1) H.KROPATSCHEK, K.RIENÖSSL,

Travaux d'étanchement du sous-sol du barrage de Durlassboden. Q.32/R.42, ICOLD 1967.

(2) H.KROPATSCHEK, K.RIENÖSSL,

L'efficacité de l'écran d'injektion dans les alluvions au barrage de Durlassboden et la réalisation d'une praoi continue profonde au barrage d'Eberlaste de l'équipment de la Zemm. Q.37/R.15, ICOLD 197o.

(3) H.KROPATSCHEK, K.RIENÖSSL,

Die Untergrunddichtung des Durlassbodendammes.
ÖZE, 21.Jg., Heft 8, August 1968

(4) H.BRETH,

Staudamm Durlaßboden. Das Ergebnis des Teilstaues 1967. Versuch einer Analyse.
ÖZE, 21.Jg., Heft 8, August 1968

(5) K.RIENÖSSL, J.SCHLOSSER,

Erddamm Eberlaste - Entwurf und Ausführung.
ÖZE, 25.Jg., Heft 1o, 1972

(6) H.KROPATSCHEK, K.RIENÖSSL,

The vertical asphaltic concrete core of earth-fill dam Eberlaste of the Zemm hydro-elektric scheme.
Q.36/R.15, ICOLD 197o.

(7) H.BRETH, K.GUNTHER,

Die Anwendung von Entspannungsbrunnen zur Verhütung von Erosionsschäden beim Erddamm Eberlaste.
Zeitschrift "Der Bauingenieur", Heft 8, 1967.

(8) K.RIENÖSSL,

Embankment dams with asphaltic-concrete cores.
Experience and recent test results.
Q.42/R.45, ICOLD 1973.

(9) K.RIENÖSSL, H.HUBER,

Die Zemmkraftwerke - technische Probleme bei der Planung und Ausführung.
Zement und Beton, Heft 5o/51, 197o.

(1o) H.BRETH, TH.KLÜBER,

Grundwasserstandsmessungen mit Piezometern bei zeitabhängigen Wasserdruck.
Wasserwirtschaft 64 (1974) 11.

2. FRAGE 45 : SICKERUNTERSUCHUNGEN UND ENTWÄSSERUNG VON SPERREN-BAUWERKEN UND IHRER GRÜNDUNGEN

45.1 STAUMAUER KOPS. ANLAGE DER DRAINAGEBOHRUNGEN, AUSWIRKUNG DIESER MASSNAHMEN AUF DIE HÖHE DES BERGWASSERSPIEGELS UND DIE GRÖSSE DES SOHLENWASSERDRUCKES

Dipl.Ing. O.Ganser

1. Kurze Beschreibung der Staumauer Kops

Die in den Jahren 1962 bis 1965 von den Vorarlberger Illwerken errichtete Staumauer besteht aus einer Gewölbemauer mit künstlichem Widerlager und einer daran anschließenden Gewichtsmauer.

Abb. 1. Staumauer Kops

Die Sperrenstelle ist durch ein tief eingeschnittenes enges Tal und durch eine flachere, nicht so tief ausgeschürfte Mulde gekennzeichnet. Die beiden Talfurchen sind durch einen Felsrücken getrennt. Während sich die steile Nordflanke des Haupttales in etwa gleichmäßigem Verlauf rund 20 m über die Kronenhöhe der Staumauer erhebt, endet die im allgemeinen mäßig ansteigende Südflanke am vorgenannten Felsrücken, dessen höchster Punkt rund 16 m unter Stauziel liegt. Dieses Tal wird durch eine weitgespannte, relativ stark gekrümmte Gewölbemauer gesperrt, wobei der Felsrücken an der Südflanke durch ein künstliches Widerlager erhöht wurde. Eine Gewichtsmauer, die südlich an das künstliche Widerlager anschließt, riegelt das Staubecken im Bereich der seichten Mulde ab.

Daten des Speichers Kops:

Überstaute Fläche	1 km^2
Nutzbarer Speicherinhalt	43,5 Mio m^3
Speicherbares Arbeitsvermögen	107 Mio kWh
Stauziel	1809,00 m ü.M.

Gewölbemauer:

Kronenlänge	400 m
Größte Mauerhöhe	122 m
Größte Mauerstärke	30 m
Kronenstärke	6 m

Gewichtsmauer:

Kronenlänge	214 m
Größte Mauerhöhe	43 m

Betonkubatur:

Gewölbemauer mit künstlichem Widerlager	482.000 m^3
Gewichtsmauer	81.000 m^3
Gesamtkubatur	663.000 m^3
Felsausbruch	201.000 m^3
Aushub von Überlagerung	125.000 m^3

2. Geologie und Gründung

Die Sperrenstelle liegt in den Gneisen und Amphiboliten des Silvretta-Kristallins. Die Kopser Mulde ist durch erosive Glazialverformung gestaltet worden. Der talseitige Abschluß des Beckens besteht aus einer Felsschwelle, die etwa 200 m unterhalb der Mauer mit einer Steilstufe zum tiefer gelegenen Erosionsniveau abfällt. Die Gesteine im Sperrenbereich streichen im großen und ganzen von WSW nach ONO und fallen mittel bis sehr steil gegen N ein. Die vorwiegend auftretenden Gesteinsarten sind Amphibolite und Aplitgneise mit Einschaltungen von Quarziten, Glimmerschiefern und Schiefergneisen.

In der Nordflanke der Gewölbemauer bilden bis in Mauermitte in der Hauptsache Aplitgneise die Aufstandsfläche. Diese Aplitgneise sind ein vorwiegend aus Quarz und Feldspat bestehendes Gestein von weißlicher, hell- bis grünlichgrauer Farbe. Durch den hohen Quarzanteil ist das Gestein sehr spröde und feinklüftig zerhackt. Größere Störzonen wurden in diesem Bereich nicht angetroffen.

Im Mittelteil der Mauer sind die geologischen Verhältnisse durch ein breites Störungsbündel, das hier diagonal von der Wasser- zur Luftseite zieht, gekennzeichnet. Die Störzone ist im Mittel 14 m breit. Das Gestein ist kleinbröckelig zerhackt und bereichsweise bis zu einem lettigen Zerreibsel zerstört.

Um diesen Schwächestreifen in der Aufstandsfläche im Mittelteil der Gewölbemauer bei den höchsten Mauerblöcken zu überbrücken, wurde die Staumauer in diesem Bereich entsprechend verbreitert. Um eine Auswaschung im Untergrund zu verhindern, wurde die wasserseitige Felsvorlage mit einer Hydratonvorlage abgedichtet.

Im linken südlichen Teil der Gewölbemauer stehen bankige bis plattige Amphibolite an, die von dünnen Aplitgneislagen durchbändert sind. Das Gestein ist klüftig, doch fehlen größere Störzonen. Der luftseitige Rand der Aufstandsfläche einiger Mauerblöcke wird durch dünnblättrige pyritreiche Hornblendeschiefer geringer Festigkeit gebildet.

Im Bereich des künstlichen Widerlagers stehen bankige Amphibolite, Aplitgneise und Glimmerschiefer an, welche stark verfaltet sind. Beim Fundamentaushub wurden zwei Störzonen angetroffen. Der durch die ungünstige Lage dieser beiden Störungen zueinander gebildete Felskeil wurde durch Tieferlegung bis zu 15 m und Verbreiterung des Fundamentes teilweise ausgeräumt.

Die an das künstliche Widerlager anschließende Gewichtsmauer ist auf stark wechselnde Gesteinsfolgen von Amphibolit, Aplitgneisen, Schiefergneisen und Hornblendeschiefer, die größtenteils stark verfaltet sind, gegründet. In der Einsattelung im Bereich der höchsten Blöcke der Gewichtsmauer zieht eine Störzone hindurch.

3. Untersuchungen im Gründungsgestein hinsichtlich Wasserdurchlässigkeit

Zur Erkundung der geologischen Verhältnisse an der Sperrenstelle wurden in üblicher Weise Schächte, Sondierstollen, Schürfe, Felsabdeckungen und Bohrungen angeordnet.

Weiters erfolgten seismische Messungen und Untersuchungen hinsichtlich der Größe des Fels-E-Moduls.

Die Wasserdurchlässigkeit des Gebirges wurde in zahlreichen, bis zu 100 m tiefen Bohrungen erkundet. Die Abpressungen erfolgten unter einem Druck von 5 bis 10 kp/cm^2 in Stufen von 5 m. Zur Kontrolle der erzielten Ergebnisse sind dann Gesamtabpressungen, das heißt, die ganze Bohrung auf einmal erfassende Abpressungen, durchgeführt worden. Im Anschluß daran erfolgten die Injektionsversuche mit Drücken von 5 bis 55 kp/cm^2, meist ebenfalls in Stufen von 5 m.

Die Wasserabpreßversuche hatten zum Ergebnis, daß das Gebirge an der Sperrenstelle, mit Ausnahme eines Bereiches an der südlichen Flanke der Gewölbemauer, als sehr dicht zu bezeichnen ist. Die bekannte Regel nach Lugeon, wonach nach der Injektion die Wasserverluste weniger als 1 l/m.min bei 10 kp/cm^2 betragen sollen, wurde bereits bei den Versuchsbohrungen zum großen Teil unterschritten.

4. Disposition der Drainagebohrungen in Zusammenhang mit felsmechanischen Überlegungen und der Lage des Dichtungsschirmes

Obwohl die Sondierbohrungen eine sehr geringe Wasserdurchlässigkeit des Gebirges zeigten, wurde längs der gesamten Staumauer ein durchgehender Dichtungsschirm angeordnet, welcher rund 50 m unter das Fundament reicht. Dieser Schirm wurde beidseits noch je rund 100 m in die Bergflanken verlängert. Aus felsmechanischen Überlegungen wäre ein zur Wasserseite geneigter Schirm vorteilhafter als ein lotrechter Schirm. Dies deshalb, weil dann die Resultierende des auf den Dichtungsschirm wirkenden Kluftwasserdruckes nach unten geneigt ist und der Kraftangriff in größerer Entfernung von der luftseitigen Felsoberfläche liegt. Bei dem gegebenen gekrümmten und mehrfach abgewinkelten Grundriß stößt die Ausführung eines geneigten Schirmes jedoch auf Schwierigkeiten, so daß man sich für einen lotrechten Dichtungsschirm entschloß, welcher nahe der Wasserseite des Mauerfundamentes angeordnet wurde. Der Abstand der lotrechten Bohrungen betrug 3, 4, 5 und 6 m. Die Injektionsgutaufnahme betrug im Mittel 15 kg/m^2. In einem zweiten Injektionsgang wurden zur Kontrolle Schrägbohrungen abgeteuft, abgepreßt und injiziert.

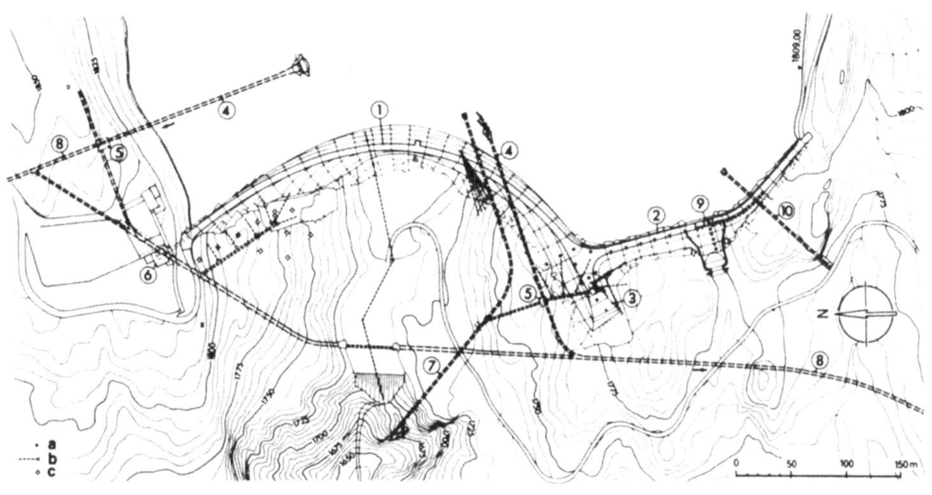

Abb.2. Lageplan

(1) .. Hauptmauer
(2) .. Seitenmauer
(3) .. Künstliches Widerlager
(4) .. Einlaufstollen
(5) .. Sperrkammer
(6) .. Wärterhaus
(7) .. Grundablaß
(8) .. Druckstollen
(9) .. Hochwasserüberlauf
(1o) . Zwischenablaß

a .. Sohlenwasserdruckmeßstelle
b .. Entwässerungsbohrung
c .. Piezometerbohrung

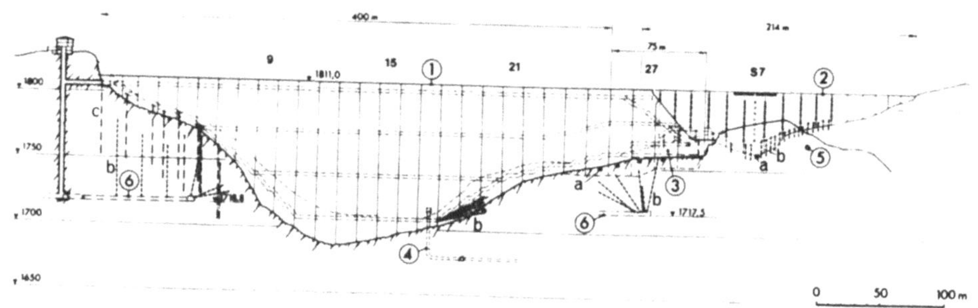

Abb.3. Längsschnitt

(1) .. Hauptmauer
(2) .. Seitenmauer
(3) .. Künstliches Widerlager
(4) .. Grundablaß
(5) .. Zwischenablaß
(6) .. Entwässerungs- und Beobachtungsstollen

a .. Sohlenwasserdruckmeßstelle
b .. Entwässerungsbohrung
c .. Piezometerbohrung

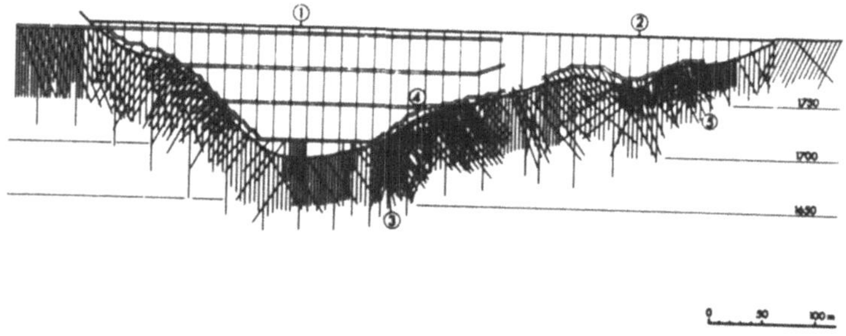

Abb.4. Dichtungsschirm

(1) .. Hauptmauer
(2) .. Seitenmauer
(3) .. Grundablaß
(4) .. Druckstollen
(5) .. Zwischenablaß

Die Kontrolle der Höhe des Bergwasserspiegels in den Talflanken und im luftseitigen Felsvorland der Widerlager ließ erkennen, daß dieser Spiegel relativ hoch lag, daß aber nur geringe jahreszeitliche und von der Größe der Niederschläge abhängige Schwankungen auftraten.

Eine felsmechanische Untersuchung des rechten Felswiderlagers zeigte den möglichen großen Einfluß, der in den Klüften des Gebirges strömenden Wässer (Auftrieb und Sickerströmungsdruck) auf die Stabilität des Felskörpers. Zur Reduktion der Höhe des Bergwasserspiegels luftseitig des Dichtungsschirmes wurde vom Beobachtungsstollen unter dem rechten Widerlager, welcher auch wesentlich zur Gebirgsentwässerung beiträgt, ein System von Drainagebohrungen angeordnet. Diese Bohrungen sind nach oben zur Wasserseite geneigt, wobei ein kürzester Abstand von rund 15 m zur Ebene des Dichtungsschirmes eingehalten wurde. Zwischen den Entwässerungsbohrungen liegen die von der Felsoberfläche abgeteuften Piezometerbohrungen.

Die Summe aller durch den Entwässerungsstollen einschließlich der Bohrungen erfaßten Drainagewässer beträgt bei Vollstau rund 0,4 l/s, bei tiefem Stau im Speicher rund 0,2 l/s. Von Bedeutung ist, daß die Höhe des Bergwasserspiegels trotz der Stauhaltung im Speicher gegenüber dem ursprünglichen natürlichen Zustand abgenommen hat. Früher lag der Spiegel 10 bis 20 m unter der Felsoberfläche. Durch die Entwässerungsmaßnahmen ist im Bereich der Bohrungen eine Reduktion um rund 15 m zu verzeichnen. Die bei den Piezometerbohrlöchern gemessenen Höhen des Bergwasserspiegels ändern sich als Folge der Stauspiegelschwankungen und anderer Einflüsse um max. rund 13 m, wobei die Größe der Schwankung in direktem Zusammenhang mit der Entfernung zur Staumauer steht. Es ist anzunehmen, daß nicht nur die Bohrungen, sondern in hohem Maße auch der Stollen selbst die Gebirgsentwässerung günstig beeinflussen.

Wie bereits angeführt, liegt der luftseitige Rand der Aufstandsfläche einiger Mauerblöcke im linken südlichen Teil der Gewölbemauer auf dichten, dünnblättrigen Hornblendeschiefern geringer Festigkeit. Um diesen Bereich vor möglichen Kluftwasserdrücken zu schützen, wurde an der Untergrenze dieser verwitterten Felsschwarte ein System von Entlastungsbohrungen fächerartig angeordnet. Die Wasserführung dieser Bohrungen schwankt zwischen ca. 0,3 l/s bei Vollstau und ca. 0,1 l/s bei tiefliegendem Wasserstand im Speicher.

Als zusätzliche Maßnahme wurde die Felsoberfläche rund 5 m hoch als Auflast überschüttet.

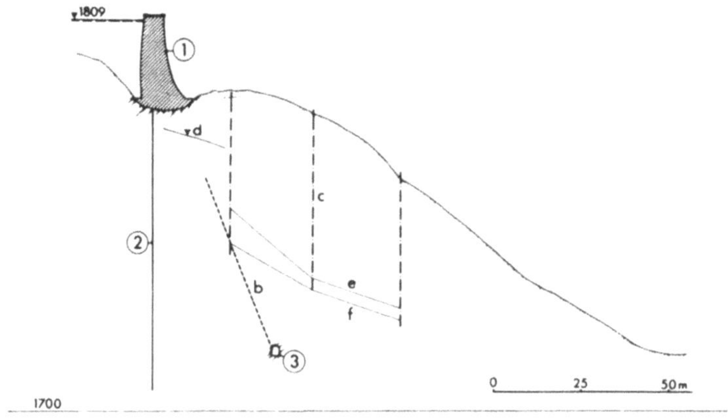

Abb.5. Schnitt durch das rechte Felswiderlager

(1) .. Hauptmauer

(2) .. Dichtungsschirm

(3) .. Entwässerungs- und Beobachtungsstollen

b . Entwässerungsbohrung

c . Piezometerbohrung

d . Bergwasserspiegel in natürlichem Zustand vor dem Bau

e . Bergwasserspiegel bei hohem Stau

f . Bergwasserspiegel bei tiefem Stau

Auf das an der linken Talseite gelegene künstliche Widerlager stützt sich der obere Teil der Gewölbemauer ab. Zur Verminderung eines allfälligen Sohlenwasserdruckes wurde das Gebirge in diesem Bereich in ähnlicher Weise wie beim rechten Felswiderlager entwässert. Von einem Beobachtungsstollen aus führt eine Reihe von Entwässerungsbohrungen unter das Fundament des Widerlagerkörpers. Diese Maßnahmen hatten zum Ergebnis, daß von den zahlreichen Sohlenwasserdruckmeßstellen in der Gründungssohle des Widerlagers nur jene einen Druck anzeigen, welche unmittelbar an der Wasserseite gelegen sind. Die Summe aller durch den Stollen einschließlich der Bohrungen erfaßten Drainagewässer beträgt bei Vollstau rund o,6 l/s, bei tiefem Stau im Speicher rund o,3 l/s.

Nach Erreichung des ersten Vollstaues im Speicher im Jahr 1967 zeigte es sich, daß der Sohlenwasserdruck bei der als Gewichtsmauer ausgebildeten Seitenmauer relativ hoch lag und teilweise die rechnerische

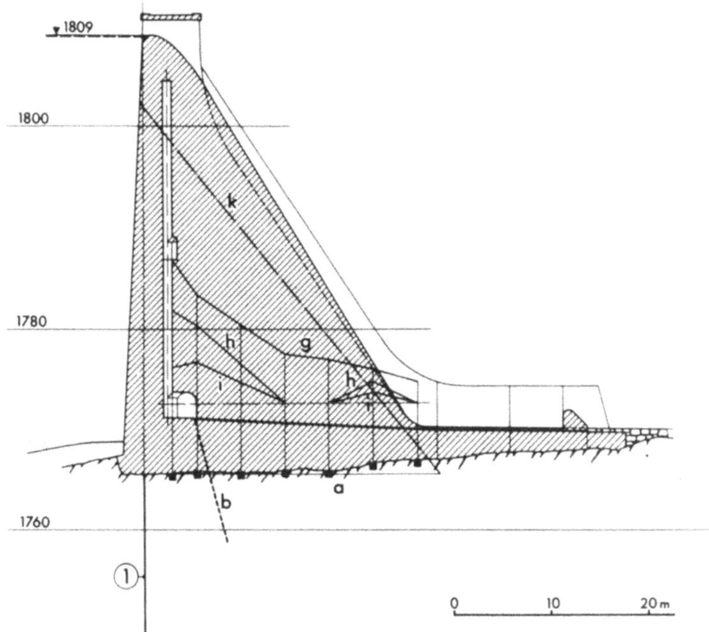

Abb.6. Schnitt durch Seitenmauer bei der Hochwasserentlastung

(1) .. Dichtungsschirm

a . Sohlenwasserdruckmeßstelle

b . Entwässerungsbohrung

g . Sohlenwasserdruck bei hohem Stau (vor Bau der Entwässerungsbohrungen)

h . Sohlenwasserdruck bei hohem Stau

i . Sohlenwasserdruck bei tiefem Stau

k . Der Berechnung zugrundegelegte Sohlenwasserdruck

Annahme (o,85-fache Stauhöhe an der Wasserseite, gegen die Luftseite zu auf o abnehmend) überschritten wurde. Vom untersten Kontrollgang der Seitenmauer aus wurden Entlastungsbohrungen in Abständen von 4 bis 14 m abgeteuft, welche rund 4 m tief in den Felsuntergrund reichen. Der Untergrund aus bankigem Amphibolit, der mit Aplitbänken und Schiefergneis wechsellagert, konnte mit Zementinjektionen nicht befriedigend gedichtet werden. Erst chemische Injektionen mit Azetatgel waren erfolgreich. Trotz der Feinklüftigkeit des Gebirges brachten die Entlastungsbohrungen eine starke Reduktion des Sohlenwasserdruckes.

5. Zusammenfassung

Der Untergrund der rund 120 m hohen Sperre Kops besteht aus feinklüftigen Gneisen und Amphiboliten. Das Gebirge ist in seinem natürlichen Zustand sehr dicht. In üblicher Weise wurde ein umfangreicher Injektionsschirm ausgeführt. Die gesamten Wasserverluste bei Vollstau betragen nur rund 4 l/s. Im natürlichen Zustand lag der Bergwasserspiegel relativ hoch, so daß im Interesse der Stabilität der Felswiderlager und zur Reduktion des Sohlenwasserdruckes im Fundament des künstlichen Widerlagers und in der Gründungssohle der als Gewichtsmauer ausgebildeten Seitenmauer zahlreiche Drainage- und Entlastungsbohrungen angeordnet wurden. Trotz der geringen Wasserführung dieser Bohrungen waren diese Maßnahmen sehr erfolgreich und es kann der Schluß gezogen werden, daß der Entwässerung des Gebirges bei der Talsperre Kops im Hinblick auf die Sicherheit der Gründung mindestens die selbe Bedeutung zukommt, wie den Dichtungsmaßnahmen durch Injektionen.

45.2 FELSVERFORMUNGEN UND SICKERSTRÖMUNGEN IM UNTERGRUND DER WÖLBEMAUER SCHLEGEIS

Dipl.Ing.Dr.techn.R.Widmann, Dipl.Ing.Dr.techn.G.Heigerth

1. Einleitung

Die Gewölbemauer Schlegeis ist das Hauptbauwerk der Zemmkraftwerke im Zillertal (Tirol) und wurde in den Jahren 1967 bis 1971 errichtet (Abb.1). Der Vollstau wurde erstmals im September 1973 erreicht.

Abb.1. Gewölbemauer Schlegeis

Die charakteristischen Daten der Gewölbemauer lauten:

Höhe	131	m
Kronenlänge	725	m
Verhältnis Kronenlänge : Mauerhöhe	5,5	
Kronenstärke	9	m
größte Mauerstärke	34	m
Verhältnis Basisstärke : Mauerhöhe	o,26	
Scheitelkrümmungsradius an der Krone ...	223	m
Kämpferkrümmungsradius an der Krone ...	819	m
Betonkubatur	960.000	m3
Stauziel	1.782	m
Speichernutzinhalt	127,7	Mio m3

Das für eine Gewölbemauer außergewöhnlich ungünstige Verhältnis von Kronenlänge zu Mauerhöhe = 5,5 hat nicht nur äußerst umfangreiche Entwurfsstudien erfordert, sondern war auch der Anlaß für die Anordnung einer größeren Anzahl von Meßgeräten zur Erfassung des Verhaltens der Gewölbemauer und des Untergrundes während des Betriebes. Ein Überblick über die ausgeführten Meßeinrichtungen ist der (Abb.2) zu entnehmen.

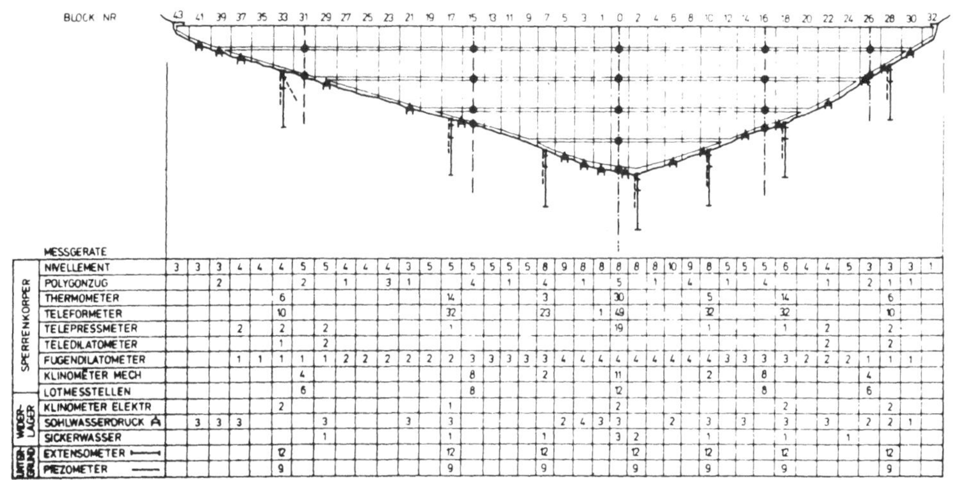

	MESSGERATE																																							
SPERRENKORPER	NIVELLEMENT	3	3	3	4	4	4	5	5	4	4	4	3	5	5	5	5	5	5	8	9	8	8	8	8	8	10	9	8	5	5	5	6	4	4	5	3	3	3	1
	POLYGONZUG			2				2		1		3	1			4		1		4		1		5		1		4		1		4			1		2	1	1	
	THERMOMETER						6								14					3				30					5				14					6		
	TELEFORMETER						10								32					23			1	49					32				32					10		
	TELEPRESSMETER				2		2		2						1									19					1				1		2			2		
	TELEDILATOMETER						1		2																										2			2		
	FUGENDILATOMETER				1	1	1	1	1	2	2	2	2	2	2	3	3	3	3	3	4	4	4	4	4	4	4	4	4	3	3	3	3	2	2	2	1	1	1	
	KLINOMETER MECH							4								8				2				11					2			8					4			
	LOTMESSSTELLEN							6								8								12								8					6			
WIDER-LAGER	KLINOMETER ELEKTR						2								1									2									2					2		
	SOHLWASSERDRUCK		3	3	3				3				3		3						2	4	3	3			2		3		3		3		3		2	2	1	
	SICKERWASSER								1						1					1				3	2				1				1			1				
UNTER-GRUND	EXTENSOMETER						12								12					12					12				12				12					12		
	PIEZOMETER						9								9					9					9				9				9					9		

Abb.2. Längsschnitt mit Übersicht der Meßeinrichtungen

Einer der wesentlichsten Gesichtspunkte bei der Auswahl der Meßgeräte war die Notwendigkeit einer einfachen und daher raschen Auswertung, um jederzeit einen unmittelbaren Überblick über den Zustand von Sperre und Untergrund zu erhalten. Der großen Länge der Gewölbemauer entsprechend, wurden 5 Lotanlagen ausgeführt. In diesen Schnitten wurden auch die meisten übrigen Meßeinrichtungen konzentriert. Für den vorliegenden Bericht ist vor allem die Anordnung der Meßgeräte im Sperrenuntergrund von Interesse, die der (Abb.3) zu entnehmen ist.

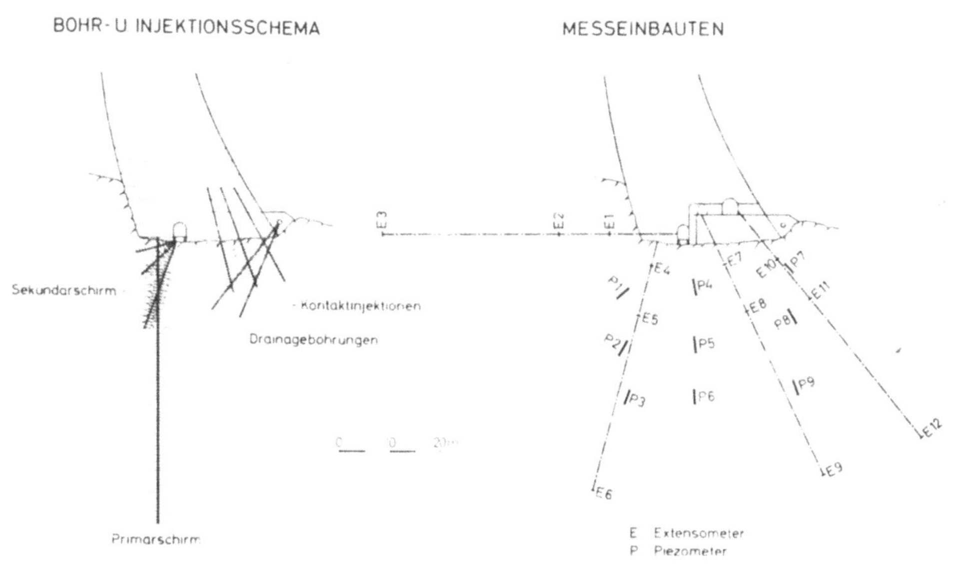

Abb.3. Querschnitt mit Regelanordnung der Extensometer (E) und Piezometer (P) im Untergrund

Zur Kontrolle der Wirksamkeit des Dichtungsschirmes wurden Piezometer in 1o, 2o und 3o m Tiefe unter der Aufstandsfläche mit einer Meßlänge von etwa 2 m angeordnet. Eine dieser Meßreihen liegt wasserseitig des Dichtungsschirmes, die zweite luftseitig des Dichtungsschirmes etwa in Mauermitte und die dritte etwa unter dem luftseitigen Fußpunkt der Mauer. Weiters wurden in 4 Meßrichtungen in einer vertikalen Ebene je 3 Extensometer mit Meßlängen von 5, 15 und 5o m ab Aufstandsfläche angeordnet. Alle Messungen werden jahresdurchgängig mindestens dreimal wöchentlich durchgeführt.

Ebenso wie bei den Gewölbemauern der Tauernkraftwerke AG in Kaprun

- Gewölbemauer Limberg: H = 12o m, in Betrieb seit 1951
- Gewölbemauer Drossen: H = 112 m, in Betrieb seit 1955
- Gewichtsmauer Mooser: G = 1o7 m, in Betrieb seit 1955

wurde zur sicheren Entlastung des Sohlwasserdruckes ein Kontrollgang unmittelbar auf den Fels aufgesetzt. In Kaprun hat sich diese konstruktive Maßnahme bei nur geringen Sickerwassermengen (maximal 4 l/s) in der über zwanzigjährigen Betriebszeit voll bewährt, wie die zahlreichen Messungen der Sohlwasserdrücke bei diesen Sperren zeigen (2) .

Diese Wasserzutritte beim Sohlstollen stiegen jedoch beim Aufstau der obersten Meter des Speichers Schlegeis stark an und erreichten bei Vollstau das Maximum von etwa 2oo l/s, wobei sich 9o % des anfallenden Sickerwassers im Sohlstollen auf eine Eintrittslänge von 15o m konzentrierten. Der Rest des Sickerwassers verteilte sich auf weitere 15o lfm des Sohlstollens. Die im Felsuntergrund angeordneten Extensometer zeigten deutlich einen eng begrenzten Zugbereich unter dem wasserseitigen Fuß der Gewölbemauer an. Die Messungen ergaben eine klare Abhängigkeit der Sickerwassermenge von den Felsdehnungen in diesem Zugbereich. Die in der üblichen Berechnung nach dem Lastaufteilungsverfahren ausgewiesenen Zugspannungen an der Wasserseite von etwa 1o kp/cm2 konnten also vom Fels offensichtlich nicht aufgenommen werden. Eine neuerliche statische Untersuchung zeigte, daß diese gerissene Zugzone zwar zu gewissen Änderungen im Kräftespiel der Gewölbemauer führte, die jedoch keine Auswirkungen auf die Standsicherheit der Gewölbemauer haben (3) .

Der Untergrund der Gewölbemauer besteht aus Granitgneis, dessen Schieferungsebene im gerissenen Bereich etwa unter 45° durch die Gründungssohle durchstreicht und sehr steil gegen die Luftseite hin einfällt. Oberflächenparallele Klüfte treten bis zu wenigen Metern Tiefe auf, wurden jedoch wasserseitig durch die größere Einbindetiefe weitestgehend ausgeschaltet. Da die beobachteten Klüfte keinerlei Kluftfüllungen aufgewiesen haben, war die Gefahr einer Erosion des Untergrundes nicht gegeben. Diese Aussage wurde beim zweiten Aufstau 1974 bestätigt, da bei gleichen aus den Extensometermessungen abgeleiteten Kluftweiten auch gleiche Sickerwasserzutritte zum Sohlstollen stattgefunden haben.

2. Auswertung der Extensometermessungen

Für die Bestimmung der Verformungen des Untergrundes stehen in den 5 Schnitten folgende Daten zur Verfügung:

a) 12 Extensometermessungen, bezogen auf den Verankerungspunkt der Extensometer in etwa 5o m Entfernung von der Sperre;

b) Horizontalverschiebungen, bezogen auf den Verankerungspunkt des Schwimmlotes (im Mittelschnitt z.B. in 8o m Tiefe);

c) Vertikalverschiebungen, gemessen mit einem Invardraht in den Lotbohrungen der Schwimmlote, bezogen auf den gleichen Verankerungspunkt wie die Schwimmlote;

d) Neigungsmessungen mit 3 Klinometern in der Aufstandsfläche an der Luft- und Wasserseite sowie in Sperrenmitte.

Soweit die bisherigen Auswertungen eine Aussage zulassen, sind die Felsverformungen ziemlich unabhängig von den Beton- und Lufttemperaturen. Der Fels reagiert auf Stauänderungen ziemlich unmittelbar, für das Erreichen eines Endzustandes scheint jedoch ein Zeitraum von etwa 3 Wochen erforderlich zu sein. Die Meßergebnisse zeigen ein stark unterschiedliches Verformungsverhalten des Sperrenuntergrundes. Im Bereich des rechten Sperrenflügels waren die Verformungen geringfügig größer, im Bereich des linken Sperrenflügels aber wesentlich geringer als ursprünglich erwartet. Die gemessenen Felsverformungen entsprechen etwa einem Verformungsmodul von E_F = 15o Mp/cm2 an der rechten Talflanke und E_F = 6oo Mp/cm2 an der linken Talflanke. Bei annähernd gleicher Verdrehung des Sperrenkörpers an der Aufstandsfläche auf beiden Talflanken waren vor allem die Setzungen der luftseitigen Fußpunkte an der rechten Talflanke wesentlich größer als die linken. Die gerissene Zugzone ist folgerichtig im hochbeanspruchten Gründungsbereich mit geringer Felsverformung aufgetreten. Die Ursache für das unterschiedliche Verformungsverhalten dürfte in den weichen Einschaltungen von Biotitschiefer liegen, die von den Kämpferkräften in unterschiedlichem Winkel getroffen werden.

Die Extensometermessungen im Sperrenuntergrund geben ein klares Bild der Änderungen des Verzerrungszustandes in Abhängigkeit von der jeweiligen Stauhöhe. In (Abb.4) sind die spezifischen Dehnungen in den einzelnen Meßstrecken in Abhängigkeit von der Stauhöhe dargestellt. In allen Meßrichtungen ist deutlich das rasche Abklingen der Felsverformungen mit zunehmender Entfernung von der Aufstandsfläche erkennbar. Da der Einfluß des Wasserdruckes vernachlässigbar ist, wenn der Stauspiegel auf Höhe des Absenkzieles liegt, entsprechen die Meßwerte bei Absenkziel dem Verzerrungszustand des Untergrundes unter dem Eigengewicht der Sperre. Insbesondere in den Meßstrecken nächst der Aufstandsfläche ist deutlich der Beginn des Aufreißens im Fels zu erkennen, der etwa bei einem Stauspiegel auf Höhe 1775 m liegt. Dieses Meßergebnis stimmt mit den Messungen der Wasserzutritte zum Sohlstollen ebenfalls überein.

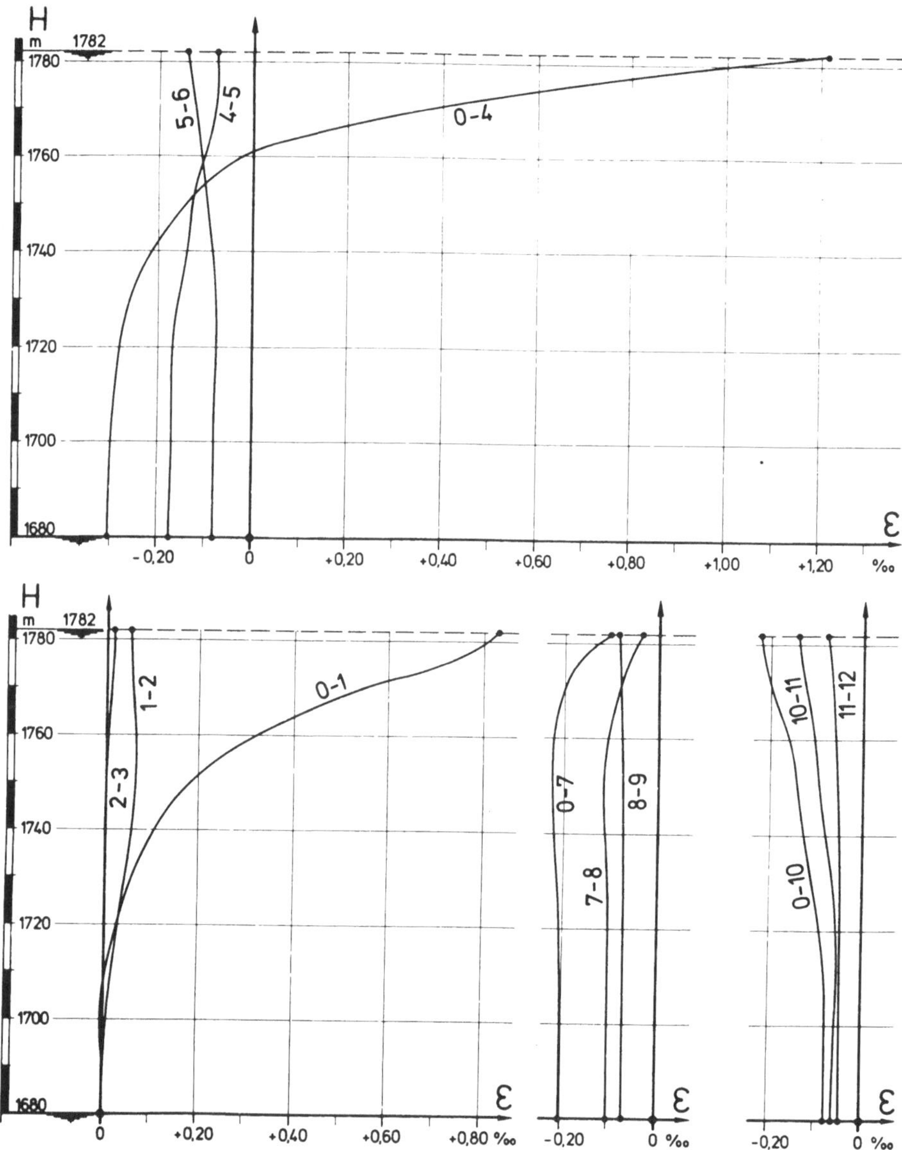

Abb.4. Block 2: Bezogene Dehnungen ε der Extensometer-Meßstrecken in Abhängigkeit von der Stauhöhe H (+ .. Verlängerung)

Der Verschiebungszustand der Sperre an der Aufstandsfläche wäre durch obige Messungen natürlich überbestimmt, würde man die Verankerungspunkte der Extensometer als unverschieblich annehmen. Die Untersuchung des Verformungszustandes ging daher von der Annahme aus, daß die am weitesten von der Sperre entfernt liegenden

Verankerungspunkte als Festpunkte zu betrachten sind, also die Verankerungspunkte des Schwimmlotes für die Horizontalverschiebungen und des Invardrahtes für die Vertikalverschiebungen. Ein Vergleich dieser Schwimmlot- und Invardraht- mit den Extensometermessungen ergab horizontale Relativverschiebungen sowohl der Verankerungspunkte im Fels als auch der Meßpunkte im Beton, die auf die zur Luftseite hin abklingende, horizontale Beanspruchung zurückzuführen sind. Aus diesen gemessenen Verschiebungen wurden die Differenzwerte zwischen dem Verformungszustand bei Absenkziel im Frühjahr und Vollstau im Herbst als Eingabedaten einer Berechnung nach der FINITE ELEMENT METHOD zugrundegelegt. Dabei wurde versucht, dem schrittweisen Versagen der Zugzone im Fels durch die Eingabe unterschiedlicher Materialkennwerte näherungsweise Rechnung zu tragen. Nach Überlagerung mit dem Eigengewichtszustand ergab sich der in (Abb.5) dargestellte Zugbereich im Fels, der den verstärkten Sickerwasserzutritt zu Sohlstollen verursacht.

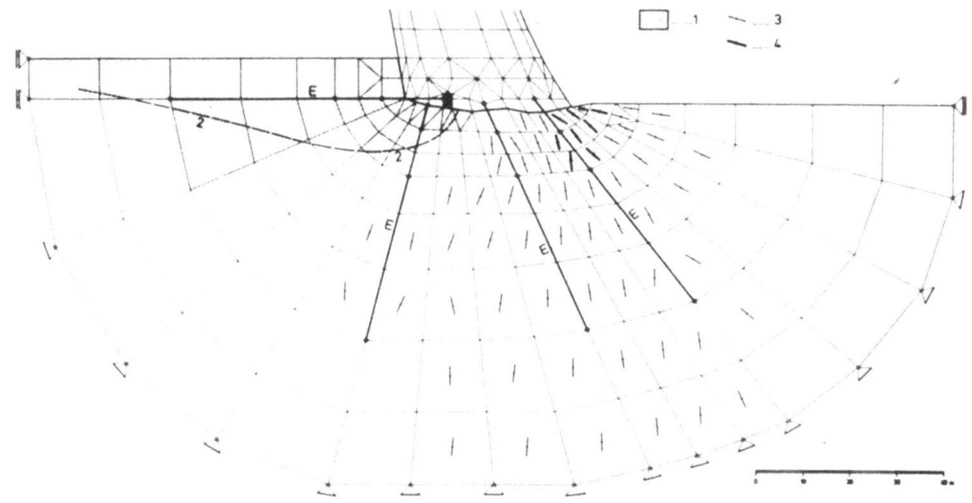

Abb.5. Blöcke o-2: Spannungsberechnung nach der Finite Element Method für Stauziel-Elementnetz und Spannungsverteilung im Untergrund

E ... Extensometer

1 .. gerissener Zugbereich
2 .. angenäherte Grenzlinie des gerissenen Bereiches
3 .. Hauptdruckspannungen σ_D = 1o - 25 kp/cm2
4 .. Hauptdruckspannungen $\sigma_D \geq$ 25 kp/cm2

Hier sei erwähnt, daß eine ähnliche Untersuchung auch für einen Schnitt an der rechten Talflanke, also im nicht gerissenen Bereich, durchgeführt wurde. Das Ergebnis bestätigt die Annahme, daß es dort vor allem durch die großen Setzungen an der Luftseite nicht zur Ausbildung eines Zugbereiches an der Wasserseite kommen konnte.

Weiters bestätigt eine Berechnung bei verschiedenen Stauhöhen die Meßerfahrung, daß diese Zugspannungen erst in den letzten Metern vor dem Vollstau auftreten (siehe Extensometermessungen, Abb.4).

3, Die Strömungsverhältnisse im Untergrund

Ausgangspunkt für die Bestimmung der Strömungsverhältnisse im Untergrund der Sperre sind die Wasserdrücke, für deren Messung in den gleichen Schnitten, in denen auch die Verschiebungsmessungen durchgeführt wurden, je 9 Piezometer-Meßstrecken von 2 m Länge angesetzt wurden, von denen 3 wasserseitig des Dichtungsschirmes, 3 luftseitig des Dichtungsschirmes, etwa in Mauermitte und 3 etwa unter dem luftseitigen Mauerfuß, jeweils in Tiefen von 1o, 2o und 3o m liegen. Weiters wurden zahlreiche Meßglocken zur Bestimmung des Sohlwasserdruckes in der Aufstandsfläche angeordnet. Die Meßpunkte wurden vom Geologen durchwegs auf Klüfte oder mögliche Wasserwege gesetzt.

Die Ergebnisse zeigten erwartungsgemäß, daß die wasserseitig des Dichtungsschirmes gelegenen Meßpunkte, seien es nun Sohlwasserdruckgeber oder Piezometer, im wesentlichen mit der Stauhöhe mitgehen, die luftseitig des Dichtungsschirmes gelegenen Meßpunkte jedoch nur in geringem Umfang vom Stauverlauf abhängen. So erreichen die luftseitig des Sohlganges gelegenen Meßstellen des Sohlwasserdruckes Wasserdrücke bis höchstens 1o % der jeweiligen Stauhöhe, die tiefer gelegenen Piezometermeßstellen eine etwa gleich große Erhöhung des natürlichen Bergwasserdruckes.

Eine genauere Auswertung zeigt jedoch gewisse Unterschiede in den Sohl- und Bergwasserdrücken wasserseitig des Dichtungsschirmes, je nachdem ob sie in einem Bereich gemessen werden, in dem Sickerwasserzutritte zum Sohlstollen stattfinden oder außerhalb dieses Bereiches. Die gemessenen Maximalwerte, seien es nun die Sohlwasserdrücke oder auch die Bergwasserdrücke in verschiedenen Tiefen, liegen im nicht gerissenen Bereich deutlich über jenen des gerissenen Bereiches, so daß die entlastende Wirkung des Sohlstollens deutlich zum Ausdruck kommt. Die vergleichsweise höheren Piezometerdrücke unter dem luftseitigen Mauerfuß beim Querschnitt mit gerissener Zugzone hängen, abgesehen von den örtlich unterschiedlichen Untergrundverhältnissen, offenbar mit dem Gebirgswasserspiegel zusammen, der in Talmitte infolge fehlender Querentwässerung naturgemäß höher liegt.

Die Meßergebnisse lassen sich gut in zwei idealisierte Stromliniennetze einordnen (Abb.6). Derartige Stromliniennetze gelten natürlich eigentlich nur für einen homogenen Untergrund; ihre näherungsweise Gültigkeit für geklüfteten Fels ist von der Annahme mehrerer engständiger, miteinander in Verbindung stehender Kluftsysteme abhängig. Im vorliegenden Fall wurde versucht, der höheren Durchlässigkeit in Richtung der steil einfallenden Schichtflächen durch eine Bildverzerrung Rechnung zu tragen.

Die in (Abb.6) angegebenen Drücke sind Differenzen Druckhöhe - Sohlfugenhöhe in Prozenten der Stauhöhe

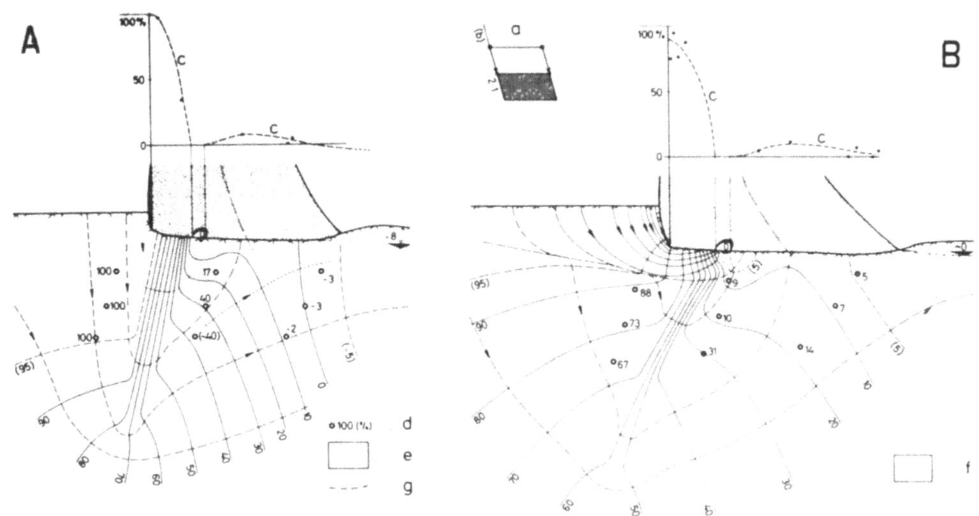

Abb.6. Idealisierte Strömungsbilder für Stauziel

A ... Im ungerissenen Bereich (Blöcke 1o,18)
B ... Im gerissenen Bereich (Blöcke 2,7)

a .. Verzerrungsschema
b .. mittlere Neigung der Schichtflächen
c .. gemessene Sohlwasserdrücke
d .. Piezometermeßort mit Mittelwert der gemessenen Drücke
e .. Dichtungsschirm
f .. gerissener Zugbereich
g .. Grenzstromlinie für Anströmung Sohlgang und Luftseite

Weiters wurde versucht, die Form der Netzelemente an die unterschiedlichen Durchlässigkeiten anzupassen, wobei aus der Theorie der laminaren Strömung angenähert folgende Beziehung folgt:

$$\frac{K_1}{K_o} = \left(\frac{a_1}{a_o}\right)^{3/2}$$

K ... fiktive Filtergeschwindigkeit
a ... Hohlraumanteil der Klüfte am Felskörper

Im ungerissenen Bereich ist die Stauwirkung des Dichtschirmes voll wirksam. Luftseitig des Dichtschirmes teilt sich dann die Strömung in beiden Fällen in Richtung zum Sohlgang und zum Mauerfuß hin. Sinngemäß ergibt sich dann im gerissenen Bereich, daß der als "Quelle" wirkende Sohlgang um Größenordnungen stärker als im ungerissenen Bereich angeströmt wird.

Aus den nach der Tendenz übereinstimmenden Meßergebnissen und Strömungsnetzen läßt sich ableiten, daß die bereits im ungerissenen Bereich gegebene Entlastungswirkung des Sohlganges bei gerissenem Zugbereich voll zum Tragen kommt. Damit wird natürlich gleichzeitig die Belastung des luftseitigen Felskörpers durch horizontale Wasserdrücke verringert.

4. Durchströmung im gerissenen Sohlbereich

Die Wasserzutritte zum Sohlstollen erfolgen durchwegs in jenem Bereich, der sich nach der statischen Berechnung als Zugbereich ergeben hat. Die gemessenen Schüttungen dieser Wasserzutritte zeigen bei nur geringer Streuung eine eindeutige Abhängigkeit von den Bewegungen des wasserseitigen Mauerfußes, also von den Klufterweiterunge im gerissenen Felsbereich (siehe Abb.7).

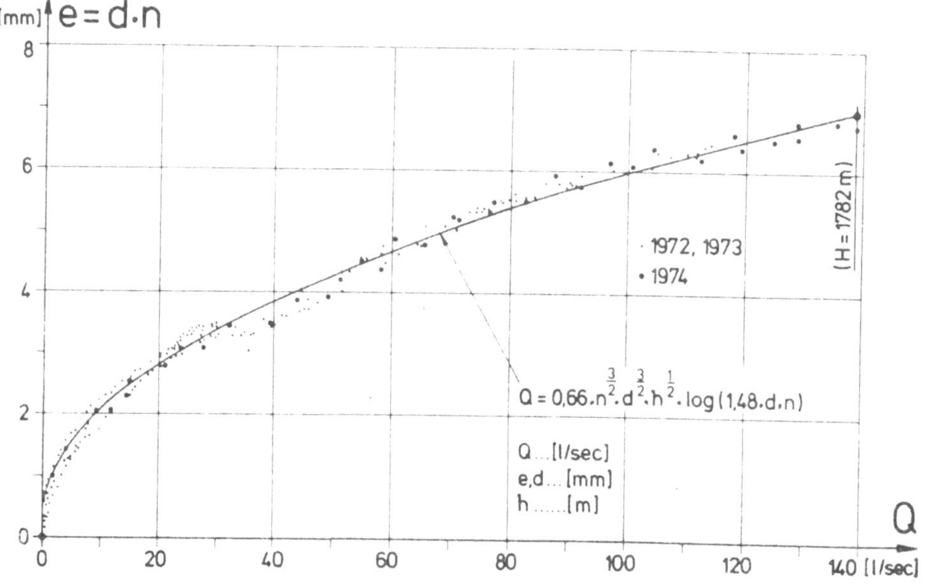

Abb.7. Sickerwasserzulauf zum Sohlgang zwischen Block o und 7 (1972-1974) in Abhängigkeit von der mittleren Klufterweiterung (gemessen an den Extensometern E 4 der Blöcke o und 7)

Als Maß für diese Klufterweiterungen wurde in dem Diagramm das Mittel aus den Messungen der Extensometer 4 in den Blöcken 0 und 7 eingesetzt ("e"). Wie diese Extensometermessungen zeigen, ist der Zerrungsbereich relativ eng begrenzt, und so konzentriert sich die Durchströmung auf nur wenige Klüfte im Fels, während die Fuge Fels/Beton im wesentlichen nicht gerissen ist. Es war zu vermuten, daß die hiebei auftretenden Fließgeschwindigkeiten zum Teil höher als bei einer rein laminaren Sickerströmung liegen. Da die relative Rauhigkeit sicherlich sehr groß ist, läge eine turbulente Strömung im hydraulisch rauhen Bereich vor. Zum Nachweis wird die für den Verlustbeiwert λ geltende Beziehung aus der Rohrhydraulik, umgerechnet auf ein schmales Rechteck, angesetzt:

$$\frac{1}{\sqrt{\lambda}} = 2.\log\left(3{,}71\ \frac{2d}{s}\right)$$

für

$$h = \lambda\ \frac{L}{2d}\ .\ \frac{v^2}{2g}\ .$$

Darin bedeuten: d ... Kluftweite

s ... absolute Rauhigkeit,

v ... mittlereFließgeschwindigkeit,

L ... Länge der Kluft in Strömungsrichtung und

h ... Energiehöhenverlust.

Bei Annahme eines idealisierten Rechteckes mit der Breite b und konstanter Kluftweite d folgt der Gesamtdurchfluß

$$Q = d\ .\ b\ .\ v = 4.b\sqrt{\frac{g}{L}}\ .\ \sqrt{h}\ .\ d^{3/2}.\log\left(3{,}71\frac{2d}{s}\right)$$

Bei Anpassung dieser Beziehung an die gemessenen Werte und Erweiterung auf n gleich lange, übereinander liegende Klüfte, auf die sich die gemessene Dehnung gleichmäßig aufteilt, folgt:

$$Q_{[l/s]} = 0{,}66\ .\ n^{3/2}.\ \sqrt{h_{[m]}}\ .\ d^{3/2}_{[mm]}\ .\ \log\ (1{,}48\ .\ d_{[mm]}\ .\ n)$$

Diese Funktion stimmt mit dem gemessenen Verlauf praktisch völlig überein (Abb.7). Für den Fall n = 1, das ist bei nur einer Kluft, und für n = 5, also Durchströmung von fünf Klüften, ergeben sich für die absolute Rauhigkeit, die Kluftlänge und die sich in der "Spritzhöhe" der austretenden Wasserstrahlen äußernde Geschwindigkeitshöhe $v^2/2g$ folgende Werte:

	s [mm]	b [m]	$v^2/2g$ [m]
n = 1	5,o	5,25	o,75
n = 5	1,o	11,7o	o,15

Die ermittelten Geschwindigkeiten entsprechen Reynold'schen Zahlen bis zu Re ≅ 35.ooo. Da dieser Wert deutlich über der kritischen Reynolds-Zahl liegt, ist die Annahme einer turbulenten Strömung bestätigt. Da auch Funktionscharateristik und Meßwertverlauf übereinstimmen und die errechneten Größen glaubhaft erscheinen, dürften die tatsächlichen Verhältnisse durch dieses Strömungsmodell ausreichend zutreffend beschrieben sein.

5, Schlußfolgerungen

Mit diesen Untersuchungen erscheint zwar die Gesetzmäßigkeit des mit den Wasserzutritten zum Sohlstollen zusammenhängenden Verhaltens von Sperre und Untergrund geklärt. In früheren Untersuchungen war auch der Nachweis über den vernachlässigbaren statischen Einfluß der gerissenen Zugzone geführt worden. Da jedoch die absolute Größe des Wasserverlustes von maximal 2oo l/s unbefriedigend ist, soll in den kommenden Jahren versucht werden, diese Wassermenge zu verringern. Dabei muß zunächst von der Tatsache ausgegangen werden, daß das elastische Spiel des Sperrenkörpers, insbesondere der Unterschied in den Verdrehungen der Aufstandsfläche von etwa 8o Winkelsekunden zwischen Vollstau und Absenkziel, durch irgendwelche Maßnahmen im Sperrenuntergrund nicht wesentlich beeinflußt werden kann. Eine Injektion des Felsbereiches unter dem wasserseitigen Sperrenfuß bei Vollstau würde daher beim nächsten Abstau lediglich ein Aufreißen des luftseitigen Felsuntergrundes und damit jedenfalls eine Verringerung der Scherfestigkeit in diesem Bereich zur Folge haben, die sich dann beim nächsten Vollstau auswirken könnte. Im Frühjahr 1975 soll daher versucht werden, die auf Grund der plastischen Restverformung auch bei tiefem Stauspiegel noch offenen Klüfte aus dem Sohlstollen zu injizieren. Diese Arbeiten können ohne nennenswerte Betriebseinschränkungen ausgeführt werden. Von den Meßergebnissen der folgenden Stauperioden wird es dann abhängen, ob weitere Maßnahmen zur Reduktion der Sickerwassermengen zweckmäßig sind.

Literatur

(1) R.WIDMANN,
"The dams of the Zemm hydro elektric scheme",
World Dams Today, 197o.

(2) R.WIDMANN,
"Die Talsperren der Kraftwerksgruppe Glockner-Kaprun. Beobachtungsergebnisse und ihre statische Deutung".
Schriftenreihe "Die Talsperren Österreichs" Nr.14, 1964.

(3) R.WIDMANN, M.EISENMAYER,
"Analysis of an arch dam using the load distribution method, with allowance being made for the tension crack zone in the foundation area"
International Symposium 'Criteria and Assumptions for Numerical Analysis of Dams', Swansea, 1975.

3. FRAGE 46 : VORUNTERSUCHUNGEN BEI SPEICHERANLAGEN

46.1 DIE NENNBELASTUNG - EIN NEUES KENNZEICHEN EINER TALSPERRE

Prof.Dipl.Ing.Dr.techn.Dr.E.h.H.Grengg

Ganz neu ist dieser Begriff nicht, denn in der "Österreichischen Bauzeitschrift 1951"/11,12 ist er dazu verwendet worden, die Talsperren Salza und Hierzmann(Registre mondial des Barrages 1973 pag. 65, ligne 16 und 18) miteinander zu vergleichen; und in der Statistik 1961 der österreichischen Talsperren ist er vom Verfasser wie folgt definiert worden : "Die Nennbelastung einer Talsperre hat sich bisher noch nicht durchgesetzt, obwohl sie allein geeignet ist, Talsperren verschiedenen Typs der Größe nach zu ordnen oder zu vergleichen. Sie sei "der Wasserdruck auf eine vertikale Abschlußfläche an der Stelle des Stauwerkes ohne Berücksichtigung der Einbindung. Ein solcher fiktiver Abschlußquerschnitt kann selbstverständlich nicht ohne einige Willkür in das Sperrengelände eingefügt werden, weil weder bei einem im Grundriß gekrümmten Bauwerk die auszuwählende Sehne genau festliegt, noch ein gerader Schnitt in allen Fällen sinnvoll ist. Immerhin gibt die Nennbelastung, ungeachtet ihrer Beiläufigkeit eine wichtige Grundlage sowohl für Vergleichswerte im vorhandenen Bestand, als auch für Entwürfe auf der Erfahrungsbasis des Bisherigen ... ". In der Neuauflage 1971 der Statistik österreichischer Talsperren, für die nunmehr auch das Österreichische Nationalkomitee der Internationalen Talsperrenkommission zeichnete, sind die erfaßten 5o Bauwerke in einer zusammenfassenden Tabelle nach ihrer Nennbelastung, d.h. also nach ihrer Größe geordnet. Bisher war nämlich die Frage, wie groß eine Talsperre sei, ebenso schwer zu beantworten, wie die Frage nach der absoluten Größe einer Wasserkraftanlage, denn im erstgenannten Fall sind weder die Höhe, noch die Baumasse, noch die Kronenlänge allein für dieses Urteil maßgebend, wie denn beim Kraftwerk nicht allein die Leistung, sondern auch die mögliche Arbeit als gleichrangig mitentscheidend gelten darf.

Nun ist in den "Mitteilungen der Österreichischen Geographischen Gesellschaft", Band 113, Jahrgang 1971, der Versuch gemacht worden, die größten Talsperren der Welt vergleichend zu würdigen, und dabei hatte der Tarbela-Damm (heute Gegenstand besonderer Aufmerksamkeit) die größte Nennbelastung aufzuweisen. Im obigen Sinn ist er also die größte Talsperre der Welt, eine Behauptung, die auf keine andere Weise zu belegen ist.

Indessen ist ein solcher Superlativ allein nicht ausreichend, die Fachwelt mit einem neuen Begriff zu bemühen. In den beiden letztgenannten Veröffentlichungen ist weiterhin die Nennbelastung inbezug gesetzt worden, einerseits zum Speicherinhalt, und "Stauerfolg" genannt worden (Dimension m^3/t), und andererseits ist die Nennbelastung inbezug gesetzt worden zur Baumasse und "Konstruktionserfolg" genannt worden (Dimension m^3/t), wobei der letztgenannte spezifische Wert (spezifisches Volumen) für jede Sperrentype getrennt betrachtet werden muß. Selbstverständlich darf auch der "Stauerfolg" nicht allein wasserwirtschaftlich, sondern auch energiewirtschaftlich bedacht werden. (Bei Nachprüfung dieser Zitate möchten leidige Druckfehler entschuldigt werden).

Je mehr nun solche spezifische Werte, besonders Bezüge zwischen Nennbelastung und wirklicher Sperrenkubatur für bestehende Sperren bekannt sind, desto eher kann man bei der Vorprojektierung neuer Sperren die Eignung einzelner Abschlußstellen beurteilen. Die Tiroler Wasserkraftwerke AG (Tiwag) hat sich die Möglichkeit zu eigen gemacht, auch graphisch ausgestaltet, und deren Ingenieur, Dr.Tschada, nahm sich die Mühe, Sperrenprojekte des eigenen Arbeitsgebietes untereinander und mit einem weiteren alpinen Bereich zu vergleichen. Die angeschlossene Abbildung mit Erläuterung gibt dafür ein Beispiel (Abb. 1).

Bei dieser Gelegenheit ist auch die Frage aufgeworfen worden, ob man nicht statt des unberührten Talquerschnittes die wirkliche Einbindung zugrunde legen sollte. Bei bestehenden Sperren ist dies gewiß leicht möglich, aber die wirkliche Belastung würde dabei gleichwohl nicht erfaßt und im Fall der Vorprojektierung müßte das Ausmaß der Einbindung geschätzt werden. Dadurch geriete in das Verfahren ein frühzeitiges Moment der Willkür. Es erscheint doch besser, das Einbindungsmaß, wie man den Bezug zwischen Aushubkubatur und Bauwerkskubatur nennen könnte, und wie es für den vorhandenen Bestand an Talsperren ja bekannt ist, zum Schluß aufgrund der geologischen Beurteilung der Sperrenstelle anzuschätzen.

Zusammenfassung

Das neue Kennzeichen, die "Nennbelastung" (nominal load, charge nominale), definiert als fiktiver Wasserdruck auf den unberührten Talquerschnitt an der Sperrenstelle, ist gedacht nicht nur als statistischer Wert, sondern auch als Planungsbehelf durch Vergleich bestehender und geplanter Talsperren.

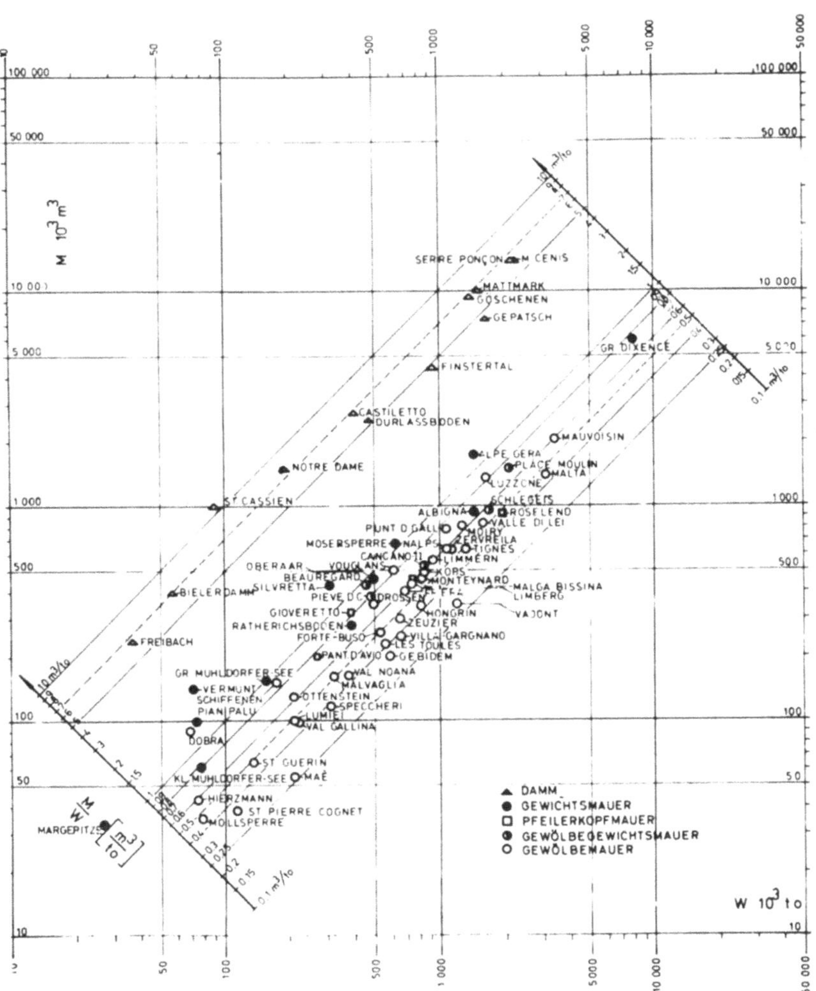

Abb.1. Zusammenhang zwischen Sperrenvolumen und Nennbelastung alpiner Talsperren

16.2 HYDRAULISCHE MODELLVERSUCHE ALS HILFSMITTEL ZUR GENERELLEN PLANUNG VON STAUSTUFEN AN DER ÖSTERREICHISCHEN DONAU

Dipl.Ing.Dr.techn.R.Fenz, Dipl.Ing.Dr.techn.F.Neiger

Der österreichische Bereich der Donau beginnt unterhalb der Stadt Passau und reicht bis zur Marchmündung nahe bei Bratislava - Preßburg; er ist ca.350 km lang und weist einen Höhenunterschied der natürlichen Wasserspiegellagen von ca.145 m auf. Dies ergibt das starke, mittlere Gefälle von 0,44 ‰ oder 44 cm je 1 km Flußlänge, was für einen schiffbaren Fluß außerordentlich viel ist.
Dieses natürliche Charakteristikum verursacht einerseits durch die hohe Strömungsgeschwindigkeit und die geringe Wassertiefe bei Niederwasser eine starke Behinderung der Schiffahrt, andererseits resultiert daraus der hohe energiewirtschaftliche Wert der Donau in Österreich. Der Ausbau durch Errichtung von Staustufen sichert verbesserte Bedingungen für die Schiffahrt und dient der Nutzung der Wasserkraftenergie. Die Österr.Donaukraftwerke AG hat den Ausbau 1954 begonnen und seither 4 Staustufen fertiggestellt und in Betrieb genommen, eine fünfte Stufe ist derzeit in Bau, die sechste in Planung für die Jahre 1976/79.

Der Energieinhalt der österreichischen Donau ist für die Versorgung des Landes mit elektrischer Energie von ausschlaggebender Bedeutung. Vom gesamten ausbaufähigen Wasserkraftpotential im Ausmaß von über 40.000 GWh/a beinhaltet die Donau mit 14.600 GWh/a einen wesentlichen Anteil. Einschließlich der vorerwähnten in Bau befindlichen Anlage sind davon rund die Hälfte genutzt.

Für den Ausbau der österreichischen Donaustrecke wurde ein Rahmenplan (Abb. 1) erstellt, der einerseits die bestmögliche Nutzung der hydraulisch erzeugbaren Energie sicherstellt, andererseits aber auch den Erfordernissen des Schiffahrtsweges Rechnung trägt. Die Verbesserung des Schiffahrtsweges ist auch deshalb von besonderer Bedeutung, weil die in wenigen Jahren (voraussichtlich 1983) zu erwartende Vollendung der Rhein-Main-Donau-Verbindung einen transeuropäischen Wasserweg schaffen wird. Ein solcher Wasserweg ist aber gerade für ein Binnenland wie Österreich volkswirtschaftlich von großem Vorteil, da er sowohl die Transportkosten der benötigten Rohstoffe wie auch die ökonomischen Wettbewerbsbedingungen für die eyportorientierte Industrie entscheidend verbessert.

Der Rahmenplan enthält nicht nur die auf österreichischem Staatsgebiet gelegenen 11 Staustufen, sondern auch die in den Grenzbereichen gelegenen Stufen Jochenstein und Wolfsthal-Bratislava, die jeweils zu 50 % den Anrainerstaaten zugeordnet sind. Auf ihrer 350 km langen Strecke weist die österreichische Donau sehr verschiedene topographische Verhältnisse auf, u.zw. wechseln relativ enge Talabschnitte mit flachen Beckenlandschaften ab, in denen in früheren Zeiten die Donau in einer großen Anzahl von Nebenarmen breite Aulandschaften geprägt hat. Erst die vor etwa 100 Jahren durchgeführte Regulierung des Donaulaufes hat in diesen Bereichen die derzeitigen Flußverhältnisse geschaffen. Bei Hochwasserführung der Donau werden allerdings oft mehrere Kilometer breite Zonen überflutet, ein Umstand, der für den Ablauf und das Ausmaß des Hochwasserereignisses im ganzen Donautal von großer Wirkung ist.
Der nachstehende Bericht über hydraulische Modellversuche als Hilfsmittel zur generellen Planung bezieht sich ausschließlich auf die Flachlandsbereiche, da nur dort die Auswirkungen der Errichtung einer Staustufe einer rein rechnerischen Behandlung nicht zugänglich sind; es erfolgten bisher hydraulische Großmodellversuche für die Staustufen Wallsee, Ottensheim, Altenwörth und Abwinden.

In den großen Flußniederungen - zum Großteil Auwaldgebiete - sind bereits zwei Donaustufen der österreichischen Kraftwerkskette in Betrieb, das dritte Kraftwerk in Donauniederungen ist derzeit in Bau.

Die Auwaldgebiete beiderseits des Stromes sind für den Abfluß großer Hochwässer von besonderer Bedeutung, weil durch die Überflutung der Niederungen ein großer Teil der zufließenden Wassermengen während einer Hochflut zurückgehalten wird. Die Bedeutung dieser Retention zeigt am besten die Größe jener Flächen, welche bei den katastrophalen Donauhochwässern der Jahre 1899 und 1954 in Österreich überflutet waren, die damals ein Ausmaß von rund 720 km^2 erreichte. Da diese Flächen während der Hochfluten mehrere Meter hoch überflutet waren, sind einige Milliarden m^3 jeweils bei einem Hochwasser zurückgehalten worden.
Bei einer Staustufe in einer Flußniederung liegt der Oberwasserspiegel an der Wehrstelle rund 6 bis 7 m hoch über den beiderseitigen Ufergebieten, weshalb zum Schutz dieser land- und forstwirtschaftlich wichtigen Flächen an beiden Donauufern Dämme errichtet werden müssen.

Die Gestaltung dieser Dämme und darüber hinaus auch die Wahl der Staustelle muß aber derart erfolgen, daß auch nach Errichtung einer Staustufe die Hochwasser-Retention in den großen Flußniederungen weitgehend erhalten bleibt, damit keine Anhebung und Beschleunigung einer Hochwasserwelle in der stromabwärts liegenden Flußstrecke entsteht. Es wurden daher bei den Donaustaustufen in Flußniederungen zumindest an einem Ufer sogenannte "Überströmstrecken" vorgesehen, über welche auch nach Errichtung eines Kraftwerkes bei Hochwasser eine Überflutung der Flußniederungen entsteht, wodurch die Rückhaltewirkung der Inundationsgebiete erhalten bleibt. Weiters muß die Staustelle derart gewählt werden, daß die ausgetretenen Hochwassermengen nach Überflutung der Augebiete im Unterwasser der Staustelle wieder in den Stromschlauch zurückfluten können. Im Gegensatz zum Abfluß im natürlichen Zustand verursachen aber die Rückstaudämme eine Teilung des Hochwasserabflusses auf Strombett und Vorland und damit eine Änderung des gesamten Abflußvorganges der Hochfluten (Abb. 2). Da eine rechnerische Erfassung aller mit diesem Problem zusammenhängenden Fragen nicht möglich ist, können nur hydraulische Versuche an entsprechend großen Modellen jene Erkenntnisse bringen, die letzten Endes die Wahl der richtigen Staustelle und die entsprechende Gestaltung des Rückstauraumes ermöglichen.

Für alle Donaukraftwerke in den Niederungen wurden daher von der Österr.Donaukraftwerke AG für die Untersuchung des Hochwasserabflusses hydraulische Modelle errichtet. Für die derzeit in Bau befindliche Donaustufe Altenwörth ergab sich dabei die Notwendigkeit, eine Flußlänge von 42 km einschließlich der beiderseitigen Überschwemmungsgebiete der Donau von rund 205 km^2 nachzubilden. Bei diesem Flächenausmaß konnte, um nur einigermaßen in einem wirtschaftlich vertretbaren Rahmen zu bleiben, für das Modell nur ein Längen- und Breitenmaßstab von 1 : 200 gewählt werden. Trotz dieses schon verhältnismäßig großen Maßstabes ergab sich beispielsweise bei der Staustufe Altenwörth einschließlich der erforderlichen Ein- und Auslaufstrecke im Modell eine Länge von 200 m und eine gesamte Modellfläche von rund 5130 m^2 (Abb. 3). Der Höhenmaßstab wurde 1 : 50 gewählt (Modell 4-fach überhöht). Damit wird einerseits noch eine genügende Meßgenauigkeit für die Wasserspiegelhöhen erreicht und andererseits vermieden, daß im Modell in den Überflutungsgebieten bei zu kleinen Wassertiefen laminare (nicht naturgetreue) Strömungsverhältnisse entstehen.

Aus dem Modellmaßstab 1 : 200 : 50 ergeben sich unter Berücksichtigung der Modellgesetze die nachstehenden Umrechnungsverhältnisse:

$$q_{Modell} = Q_{Natur} : 70.710$$

$$t_{Modell} = T_{Natur} : 28{,}35$$

$$v_{Modell} = V_{Natur} : 7{,}071$$

Für die Darstellung des Flußlaufes wurden aus Stromgrundaufnahmen mit 100 m Abstand Querprofile entnommen. Die Überflutungsgebiete beiderseits des Flusses wurden nach Querprofilen dargestellt, welche von der Vermessungsabteilung der Österreichischen Donaukraftwerke AG in einem 250 bis 300 m breiten Uferstreifen im Abstand von 100 m aufgenommen worden waren. Die großräumige Nachbildung der Niederungen bis zur Grenze der Hochwasserüberflutung erfolgte nach Querprofilen im Abstand von 500 m.

Nach geometrischer Nachbildung des Flußbettes einschließlich der Flußniederungen (Modell aus Beton) wurde der Auwald durch Holzwolle, die in Zementmilch getränkt wurde, dargestellt und das Modell nach den in der Natur aufgenommen Wasserspiegellinien vergangener Hochfluten geeicht. Die normale Wandrauhigkeit des Modelles genügt ja nicht, da durch die 4-fache Überhöhung das Fließgefälle im Modell auch 4 mal so groß wie in der Natur ist.

Im Zuge der Untersuchung im Modell mußten folgende Fragen einer Klärung zugeführt werden:

1. Verteilung des Abflusses eines Hochwassers auf das Strombett und die überfluteten Flußniederungen nach Errichtung einer Staustufe.
2. Abflußvorgang in den überfluteten Niederungen nach Errichtung der Rückstaudämme.
3. Einfluß einer Staustufe auf die Retention in den Niederungen.

Da diese Fragen aber auch ohne Staustufe, also im derzeitigen Zustand nicht exakt bekannt sind und bei Modellversuchen exakte Schlußfolgerungen nur durch einen Vergleich des derzeitigen mit dem zukünftigen Zustand im Modell möglich sind, mußte auch der Hochwasserabfluß vor Errichtung der Staustufe eingehend untersucht werden.

Als Vergleichsgrundlage wurde in erster Linie das katastrophale Hochwasser des Jahres 1954 gewählt, weil von diesem Hochwasserereignis genügend Angaben, wie Wasserspiegellängenprofil und zahlreiche Wasserstandmarken in den Flußniederungen vorhanden waren. Darüber hinaus wurden aber auch kleinere Hochwässer und eine Hochflut von 14.000 m^3/s, die einem Hochwasser mit der Wahrscheinlichkeit 1 : 10.000 entsprechen, untersucht.

ür die Messung der Wasserspiegelhöhen wurden Standrohre seitlich les Modelles angeordnet, die durch Plastikschläuche mit kleinen)üsenöffnungen in der Modellsohle in Verbindung stehen und als communizierende Gefäße den Wasserspiegel im Modell außerhalb des Modelles anzeigen. Da die Höhenskala der Standrohre im Höhenmaßstab les Modelles aufgetragen und in der richtigen Höhe zum Modell eingemessen ist, können bereits die tatsächlichen Wasserspiegelhöhen in n ü.A. (Natur) abgelesen werden. Die Wasserspiegelhöhen wurden jedoch nicht nur bei stationären Abflußvorgängen gemessen, sondern auch die Ganglinien der Wasserspiegelhöhen während eines Ablaufes der Hochfluten aufgenommen. An zahlreichen charakteristischen Stellen im Modell wurden anfangs diese Wasserspiegelhöhen durch Ablesung von Spitzenpegeln üblicher Bauart in gleichmäßigen Zeitabständen aufgenommen, später im weiteren Verlauf der Versuche durch automatisch aufzeichnende Pegelgeräte festgehalten.

In mehreren großen Querprofilen des Modelles, die von einem Hochwasseranschlag durch das gesamte Überflutungsgebiet und das Strombett bis zur gegenüberliegenden Hochwassergrenze reichten, wurden durch Flügelmessungen die Fließgeschwindigkeiten und daraus durch Flächensummierung die Abflußmengen festgestellt. Dadurch war es möglich, die Verteilung der abfließenden Hochwassermengen auf Stromschlauch und Vorländer sowohl für den Naturzustand als auch für den Zustand nach Kraftwerkserrichtung zu erforschen (Abb. 4).

Die Abflußverteilung zeigt ja am deutlichsten den Einfluß einer Staustufe in der Niederung. Vor Errichtung des Kraftwerkes ist ein ständiger Wassermengenaustausch zwischen Strombett und den beiderseitigen Inundationsgebieten möglich, da sich der Abfluß den jeweiligen Querschnitten anpassen kann. Grundsätzlich anders ist der Abflußvorgang nach Errichtung der Staustufe, weil die Rückstaudämme eine Teilung des Abflusses verursachen. Die Ausuferung in die beiderseitigen Flußniederungen kann nur noch über die Überströmstrecken erfolgen. Die ausgeuferten Wassermengen müssen erst die Vorländer außerhalb des Strombettes durchströmen, bevor sie unterhalb der Staustufe wieder in den Strom zurückfließen können. Dadurch ergab sich in weiterer Folge auch jene Wassermenge, die im Strombett verbleibend durch die Wehranlage der Staustufe abzuführen ist. Die seitlich in den Augebieten abströmenden Hochwassermengen müssen nicht mehr die Wehranlage passieren, weshalb für die Dimensionierung der Wehrfelder und deren charakteristische Abmessung die tatsächlich in der Natur zu erwartenden Abflußmengen zugrunde gelegt und dadurch wesentliche Einsparungen erzielt werden konnten.

Von besonderer Bedeutung als weiteres Entscheidungskriterium für die Projektierung waren die in den Vorländern auftretenden Fließgeschwindigkeiten, weil eine Erhöhung dieser Fließgeschwindigkeiten mit Rücksicht auf die land- und forstwirtschaftlich genutzten Flächen auf keinen Fall zugelassen werden konnten. Es wurden daher an zahlreichen Punkten im Modell Staudruckmesser (Abb. 5) aufgestellt. Der Zusammenhang zwischen der Auslenkung des Tauchkörpers und der Fließgeschwindigkeit wurde in einem Schleppkanal ermittelt.

Bei allen Versuchen wurden außer den Wasserspiegelhöhen und den Fließgeschwindigkeiten auch die Grenzen der Überflutung durch fotografische Aufnahmen in intermittierendem Abstand festgehalten. Vor allem diese Aufnahmen haben sich durch ihre Anschaulichkeit besonders bei zahlreichen Verhandlungen mit den Anrainern bewährt.

Die Wasserspiegelhöhen wurden jedoch nicht nur bei stationären Abflußvorgängen gemessen, sondern auch die Ganglinien der Wasserspiegelhöhen während einer Hochflut aufgenommen. Abb. 6 zeigt ein Beispiel dieser zahlreichen aufgenommenen Ganglinien bei Hochwasserwellen. Dabei wurde getrachtet, die Maßnahmen im Modell und damit auch die Maßnahmen für das Projekt derart zu gestalten, daß an möglichst allen Punkten des Einflussbereiches der Staustufe bei einer Hochwasserwelle gegenüber dem Naturzustand keine Erhöhung entsteht.

Große Bedeutung hat die Feststellung des Einflusses der Staustufe auf den Hochwasserabfluß in der Unterwasserstrecke. Naturgemäß ist es nicht möglich, den Einfluß der Staustufe auf den Abfluß der Hochfluten allein durch entsprechende Gestaltung im Rückstauraum auszugleichen, weil eine vollkommene Erhaltung des Retentionsraumes in den Flußniederungen wie im Naturzustand nie durchführbar ist. Es muß daher durch eine geeignete Stauzielregelung eine Beeinflussung des Wassermengenablaufes im Unterwasser erreicht werden. Vor dem Anlauf einer Hochflut muß das Stauziel bereits abgesenkt und damit nur in jenem Bereich einer Hochwasserwelle ein steilerer Anstieg erzielt werden, der noch keine Gefährdung für die Gebiete beiderseits des Stromes bedeutet. Andererseits ist es durch geeignete Wehrregelung auch möglich, bereits bei Abklingen einer Hochflut wieder den Stauspiegel im Oberwasser früher anzuheben, so daß ein rascherer Rückgang einer Hochwasserwelle gegenüber dem Naturzustand erreicht werden kann.

Der richtige Vorgang dieser Stauregelung wurde aus zahlreichen Versuchsergebnissen derart gewählt, daß im Zusammenwirken mit den ebenfalls auf Grund der Modellversuche festgelegten Baumaßnahmen im Rückstauraum in keinem Fall eine Erhöhung des Scheitelwertes einer Hochwasserwelle auftreten kann.

Da die Staustufen an der Donau nicht isoliert betrachtet werden können, haben die Ergebnisse der bisher durchgeführten Modellversuche auch wertvolle Hinweise für die Projektierung der noch zu errichtenden Staustufen gebracht. Vor allem bildeten die Modellversuche und ihre Ergebnisse ein wertvolles Entscheidungskriterium in jenen, für alle Staustufen vorgeschriebenen behördlichen Bewilligungsverfahren.

Für die schon in Betrieb befindlichen Donaukraftwerke wird derzeit ein mathematisches Modell erstellt, um den Betrieb der Kraftwerke bei normalen Abflüssen der Donau zu optimieren. Mit Verwendung der Ergebnisse aus den Hochwassermodellversuchen wird es möglich sein, dieses mathematische Modell auch für den Hochwasserabfluß zu eichen, so daß in Zukunft voraussichtlich auch bei Hochwasserwellen unter Berücksichtigung der Abflußmeldungen aus dem Oberlauf Prognosen erstellt werden können.

Für das Hochwassermodell der derzeit in Bau befindlichen Staustufe Altenwörth (Modellfläche 5130 m^2, 205 Meßpunkte = Standrohre) wurden als Bauzeit 6 Monate benötigt. Die Rauhigkeitseichung vor Beginn der eigentlichen Modelluntersuchungen erforderte 2 Monate. Die Modelluntersuchungen, also sowohl für den Naturzustand als auch für den Zustand mit eingebautem Kraftwerk, konnten in 14 Monaten abgewickelt werden. Mit Berücksichtigung, daß diese Versuche in dem Freiluftmodell nur während der Monate April bis November durchgeführt werden konnten, erstreckten sich die gesamten Arbeiten an diesem Hochwassermodell auf einen Zeitraum von 2 Jahren.

Die Kosten für derartige Hochwassermodelluntersuchungen belaufen sich auf rund 2 bis 4 ‰ der gesamten Baukostensumme und betrugen beispielsweise für das Modell der Staustufe Altenwörth 12 Mio S.
Ein eindeutiger Zusammenhang zwischen der Baukostensumme einer Staustufe und den Aufwendungen für Untersuchungen des Hochwasserabflusses besteht jedoch nicht, weil jeweils die topographischen Gegebenheiten in den einzelnen Flußniederungen, die voneinander stark abweichen können, maßgebend sind. So erfordert eine Staustufe, in deren Einflußbereich sich in der Flußniederung eine große Stadt befindet, naturgemäß aufwendigere Untersuchungen und damit mehr Zeitaufwand und Kosten, als eine Staustufe in einer Flußniederung mit nur land- und forstwirtschaftlich genutztem Gebiet. Letzten Endes ist der erforderliche Zeitaufwand bei solchen Modelluntersuchungen auch ab-

hängig von der Treffsicherheit der Entscheidungen des planenden Ingenieurs, die dieser im Lauf der Modellversuche auf Grund der Versuchsergebnisse jeweils zu treffen hat.

Zusammenfassung

Im Rahmenplan für den Ausbau der österreichischen Strecke der Donau zu einer Kraftwasserstraße sind insgesamt 13 Staustufen vorgesehen, 5 Staustufen sind bereits in Betrieb, die 6.Stufe ist derzeit in Bau. Einige dieser Staustufen liegen in ausgedehnten Flußniederungen der Donau, welche bei großen Hochwässern immer wieder überflutet werden. Die Rückhaltewirkung dieser Flußniederung darf durch die Errichtung von Staustufen nicht ausgeschaltet werden, damit keine Anhebung und Beschleunigung der Hochwasserwellen entsteht. Zur Untersuchung der überaus komplizierten Strömungsverhältnisse bei Hochwasserüberflutung und zur Erarbeitung der notwendigen Baumaßnahmen sowie zur Überprüfung des endgültigen Projektes einer Staustufe wurden daher große wasserbauliche Modelle errichtet.

Nach einer Beschreibung des Modellbaues werden die durchgeführten Modellversuche und die angewandten Meßmethoden erläutert, sowie Hinweise über den Zeitbedarf für derartige Hochwasseruntersuchungen und die aufzuwendenden Kosten gegeben.

Literatur

FENZ, R. - Heutige und geplante Wasserkraftnutzung an der Donau, Wasser- und Energiewirtschaft/ Cours d'eau et energie, WEW Nr. 3/4 1973.

NEIGER, F - Hochwassermodellversuche für das Donaukraftwerk Wallsee-Mitterkirchen, Die Wasserwirtschaft, 56.Jahrgang, 1966, Heft 12.

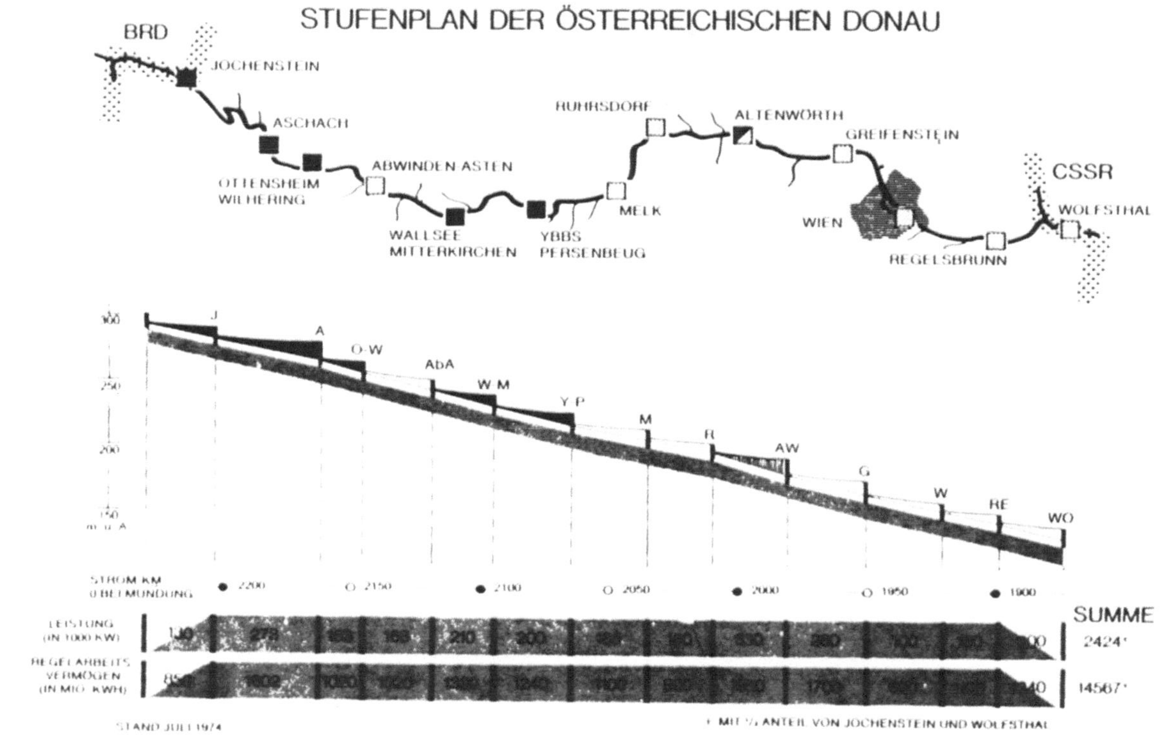

Abb. 1. Stufenplan der österreichischen Donau

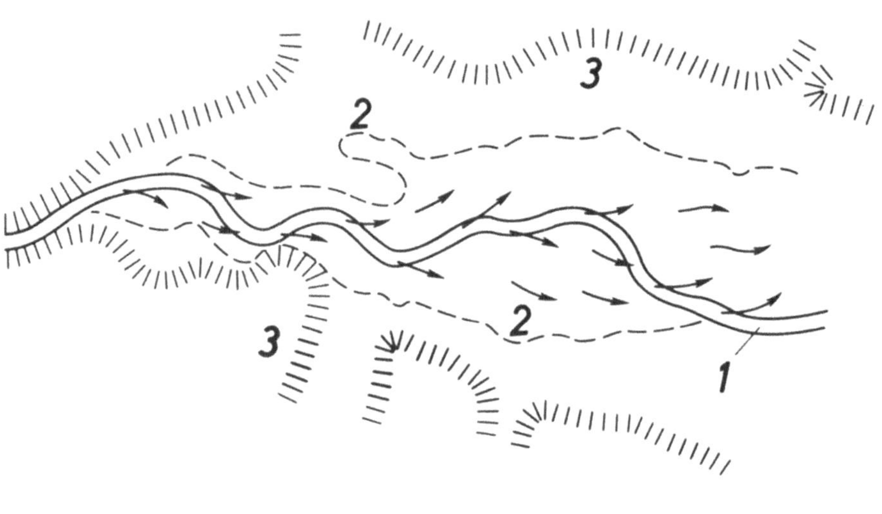

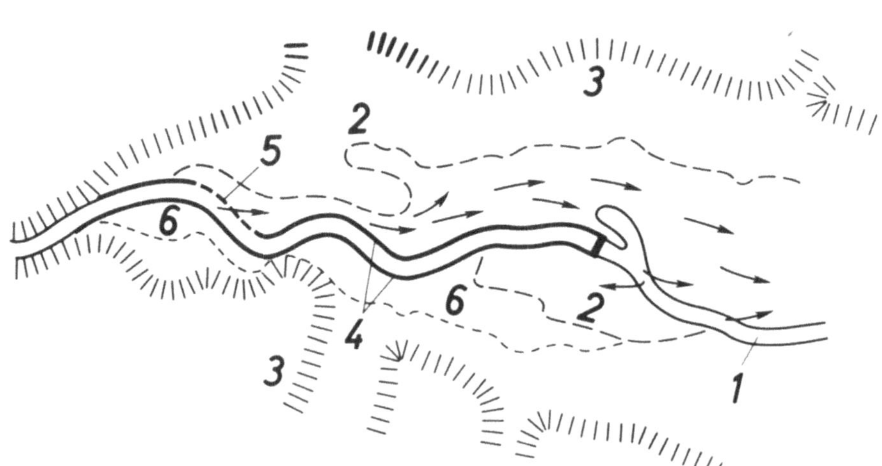

Abb. 2. Hochwasserabfluß vor und nach Errichtung der Staustufe

(1).. Flußbett
(2).. Überflutungsgrenze
(3).. Auwaldgrenze
(4).. Dämme
(5).. überfluteter Damm
(6).. nicht überfluteter Bereich nach Errichtung

Abb. 3. Ansicht des Versuchsmodelles

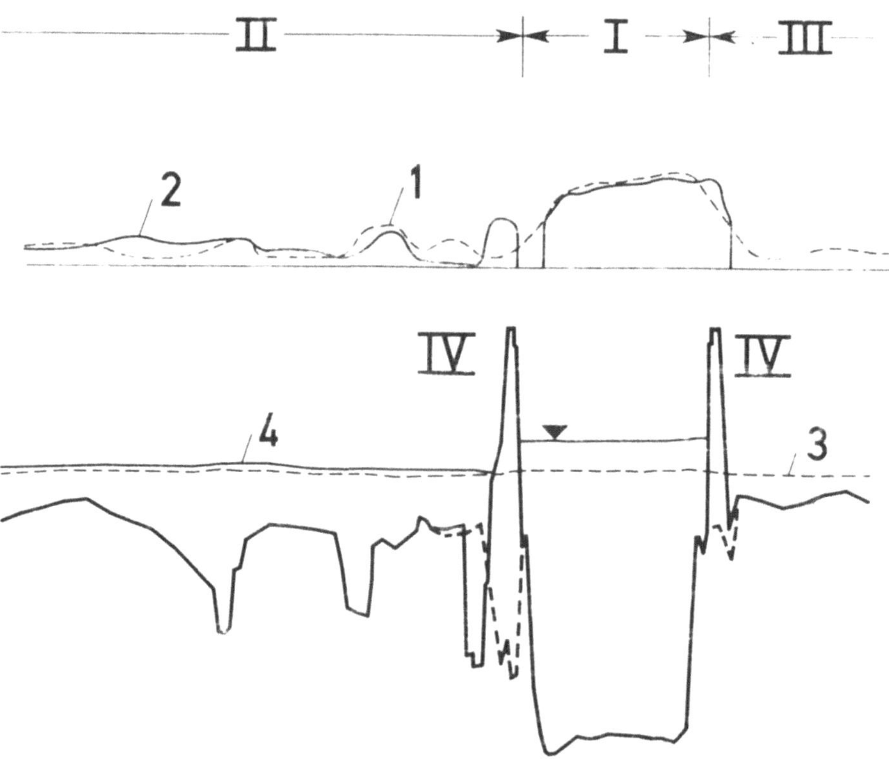

Abb. 4. Modellquerschnitt

Fließgeschwindigkeit Wasserspiegel

1 natürlicher Zustand 3
2 nach Konstruktion 4

Abb. 5. Fließgeschwindigkeitsanzeiger

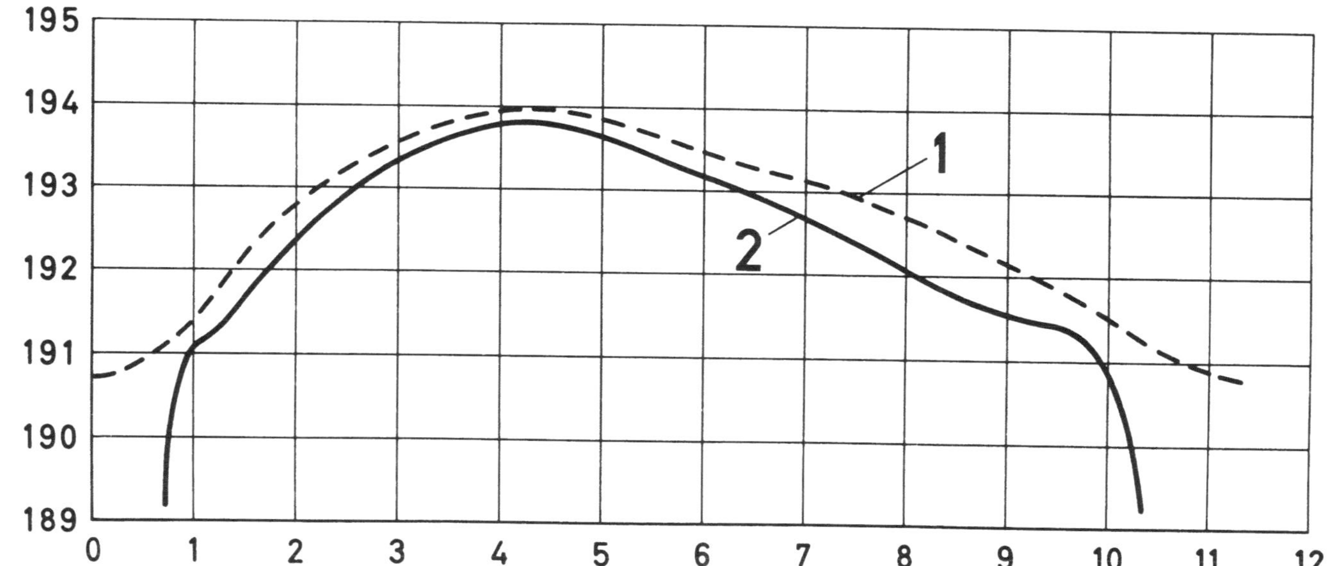

Abb. 6. Wasserspiegelganglinie

(1).. natürlicher Zustand
(2).. nach Errichtung der Staustufe

D - Zeit in Tagen
H - Höhe ü.A. (m)

46.3 GEOTECHNISCHES LÄNGSPROFIL DURCH EINEN FLUSSLAUF ALS ERSTER ANHALTSPUNKT FÜR DIE PROJEKTIERUNG VON TALSPERREN UND SPEICHER

Dr.phil.W.Demmer

1. Einleitung

In der vorgelegten Arbeit wird aufgrund guter praktischer Erfahrungen eine Möglichkeit aufgezeigt, wie man unter gewissen Voraussetzungen in einem geologisch weitgehendst unbekannten Flußgebiet in einer verhältnismäßig kurzen Zeit zu jenen geotechnischen Informationen kommen kann, die für eine erste wasserwirtschaftliche Ausbauplanung unbedingt erforderlich sind. Diese Informationen werden in einem geotechnischen Längenschnitt zusammengefaßt, der in übersichtlicher Form nicht nur über die geologischen Strukturen, sondern auch über die technischen Möglichkeiten eine erste Auskunft gibt. Dieser Längenschnitt muß im Gelände ausgearbeitet werden, wobei als unabdingbare Forderung eine geschlossene Begehung des entsprechenden Flußabschnittes gilt. Die Geländearbeiten werden insbesondere in vegetationsarmen Gebieten erfolgreich sein, wo ein Flußlauf möglichst senkrecht die geologischen Strukturen verquert.

2. Problemstellung

Im Jahre 1969 wurde die VERBUND-PLAN GESMBH Consulting Engineers, Vienna, Austria, von den Vereinten Nationen New York mit der Erstellung eines Rahmenplanes für die energiewirtschaftliche Nutzung des Evinos-Flusses in SW Griechenland beauftragt. Der Vertrag sah vor, daß bereits 6 Monate nach Auftragserteilung ein Zwischenbericht abzugeben war, der neben zahlreichen anderen Erhebungen auch schon die grundsätzliche Verteilung von Ausbaustufen beinhalten sollte.

Die Feldarbeiten wurden unmittelbar nach Vertragsabschluß im November 1969 aufgenommen. Um schon möglichst frühzeitig eine erste technische und geologische Bestandsaufnahme des gesamten Einzugsgebietes zu erhalten, war beabsichtigt, gleich die erste Geländebereisung ohne Unterbrechnung so lange auszudehnen, bis der Evinos-Fluß vom Oberlauf bis zum Mündungsgebiet in seinen wesentlichsten topographischen und geologischen Eigenheiten bekannt war.

Dieses Ziel konnte wegen der hereinbrechenden Regenzeit nicht erreicht werden. Die meisten Fahrwege waren bald durch Hangrutschungen unpassierbar und die Flußfurten durch Hochwasser versperrt. Die Geländeerhebungen mußten daher unterbrochen und auf das kommende Frühjahr verschoben werden. Auf diese Weise vergingen dreieinhalb Monate wertvollste Zeit, die nicht für geologische Feldaufnahmen genützt werden konnten. Daß aber noch vor Beginn der technischen Planungsarbeiten eine bereits geologische Grundlagenforschung erfolgen mußte, ging schon daraus hervor, daß mit Ausnahme des Mündungsgebietes vom übrigen Einzugsgebiet des EVINOS entweder überhaupt keine oder nur unzureichende geologische Unterlagen vorhanden waren. Eine Projektierung, welche nur die Topographie berücksichtigt, konnte jedoch keinesfalls zielführend sein, denn man hatte sowohl mit Karsterscheinungen, als auch mit ausgedehnten Hanginstabilitäten zu rechnen. Dazu kam der äußerst komplizierte geologische Aufbau der sogenannten PINDUS-ZONE, der eine Luftbildauswertung nur als Ergänzung von Geländeaufnahmen, aber nicht umgekehrt, zuließ. Es galt daher das Problem zu lösen, wie man auch noch nach Beendigung der Regenzeit möglichst kurzfristig die fehlenden geologischen Projektierungsgrundlagen erstellen könnte. Wollte man den vertraglich zugesicherten Abgabetermin des Zwischenberichtes einhalten, würde dafür höchstens noch ein Zeitraum von einem Monat zur Verfügung stehen.

3. Problemlösung

Aufbauend auf die Geländeerfahrungen der ersten Bereisung wurde in den Wintermonaten ein geotechnisches Kartierungsprogramm entworfen, das sich unter Berücksichtigung der knappen Termine nur auf die Aufnahme der Flußufer beschränken sollte. Dieser Gedanke erschien aus mehreren Gründen zielführend. Zunächst war bereits bekannt, daß der generelle NE-SW verlaufende EVINOS die geologischen Strukturen größtenteils senkrecht zum Schichtstreichen durchschneidet. Damit schien die beste Gewähr gegeben, daß bei einer systematischen Aufnahme der frischen Uferanrisse kein wichtiges Schichtglied unentdeckt blieb. Als günstig für das Vorhaben sollte sich auch die allgemeine Vegetationsarmut und das auf weite Strecken schluchtartig eingesenkte Flußtal mit felsigen Uferwänden erweisen. Aus diesem

Grunde wurden auch geologische Ansichtskartierungen von der gegenüberliegenden Talseite aus in das Feldprogramm miteinbezogen.

Als größtes Problem stellte sich der zügigen Ausführung dieses Projektes nur der Mangel an Verkehrswegen und - in zweiter Linie - an geeigneten Unterkünften entgegen. Nach dem Studium der Karten und Luftbilder mußte sogar damit gerechnet werden, daß besonders im Oberlauf des Flusses einige Schluchtstrecken zu durchwaten oder zu durchschwimmen waren, wollte man nicht schon von vornherein auf die Kartierung einiger besonders schwieriger Abschnitte verzichten.

Als besonders wichtig für das gute Gelingen des zeitlich knapp bemessenen Unternehmens wurde eine in jeder Beziehung gute Vorbereitung erkannt. Neben der technischen Ausrüstung, die auf eine Zwei-Mann Bereisung abzustimmen war, wurde für die Aufnahme des ca.1oo km langen, energiewirtschaftlich interessanten Flußabschnittes eine Art Checkliste in Form eines geotechnischen Längenschnittes entworfen, der in dieser Arbeit vorgestellt werden soll (siehe Bildbeilage). Aus den Spezialkarten 1 : 5o.ooo und aus Luftbildern konnten schon im Büro die ersten Eintragungen, wie zum Beispiel die Flußkilometrierung, die Höhenlage der Flußsohle, Richtungsänderungen im Talverlauf, die morphologische Ausbildung des Tales, sowie Ortsbezeichnungen vorgenommen werden. Die weiteren Spalten, die sich auf die geologischen Schichten sowie auf geotechnische Angaben bezogen, sollten mit entsprechenden Symbolen im Gelände ausgefüllt werden.

Als Ergänzung dieser Unterlagen wurden noch von der Spezialkarte 1 : 5o.ooo photographische Vergrößerungen 1 : 1o.ooo hergestellt. Diese Kartenblätter waren in erster Linie für die Eintragung von Gefügedaten, sowie von morphologischen und geologischen Grenzen vorgesehen. Damit sollte für spätere Auswertungen das räumliche Bild gewahrt bleiben.

4. Praktische Erfahrungen

Nach dem Ende der Regenzeit wurde im April 197o die Feldarbeit durch einen Geologen und einen Bauingenieur wieder aufgenommen. In einem ungeheuer konzentrierten Arbeitseinsatz gelang es schon innerhalb von drei Wochen eine fast 6o km lange Flußstrecke zu Fuß zu begehen und für diesen Abschnitt auch das vorbereitete geotechnische Profil auszufüllen. Um eine lückenlose Aufnahme zustandezubringen, wurden während dieser Arbeiten weder hunderte Meter tiefe Abstiege in sonst unzugängliche Schluchtabschnitte gescheut, noch das wiederholte Durchqueren des Flusses. Stundenlange Fahrten mit dem Geländefahrzeug zu den Tageseinsatzpunkten und erhebliche Umwege boten erst die Voraussetzung, auch abseits des Flußlaufes Geländekartierungen durchzuführen. Da auch diese Möglichkeit optimal genutzt wurde, entstand in kürzester Zeit von dem gesamten, wasserwirtschaftlich interessanten Flußabschnitt des EVINOS eine geotechnische Bestandsaufnahme, die eine ernste Grundlage für alle weiteren Planungsarbeiten war.

Von dem geotechnischen Längenschnitt kann man mit einem Blick Auskunft über die Talform, die Beckenfüllung, das Vorkommen natürlicher Baustoffe, die Möglichkeiten für die Situierung von Abschlußbauwerken samt deren geschätzten Maximalhöhe, die Durchlässigkeitsverhältnisse des Untergrundes etc. erhalten. Neben den hydrologischen Daten, die in das Profil ebenfalls eingeführt werden könnten, bietet daher ein von erfahrenen Geologen und Bauingenieuren vollständig ausgefüllter geotechnischer Längenschnitt in übersichtlicher Form die wichtigsten Parameter für die erste Austeilung von Staustufen.

In einem zweiten Arbeitsgang muß selbstverständlich noch unter Zuhilfenahme von künstlichen Aufschlußmethoden die Güte der gewählten Sperrenstelle überprüft werden. Dabei kann es sich allerdings noch erweisen, daß die eine oder andere Sperrenstelle zugunsten einer vorerst nicht ins Auge gefaßten, aufgegeben werden muß. In diesem Fall zeigt der geotechnische Längenschnitt sofort die nächste Möglichkeit an.

Im Zuge der beschriebenen Planungsarbeiten am Evinos Fluß mußte nur bei der Staustufe PERISTA eine nachträgliche Korrektur vorgenommen werden. Eingehendere geologische Untersuchungen führten zu einer Verschiebung der ursprünglich bei Flußkilometer 67,5 ausgewählten Sperrenstelle zu der geologisch günstigeren bei km 67,8 (Abb. 1). Die beiden anderen Sperrenstellen konnten hingegen auch durch die später ausgeführten Bohrungen bestätigt werden.

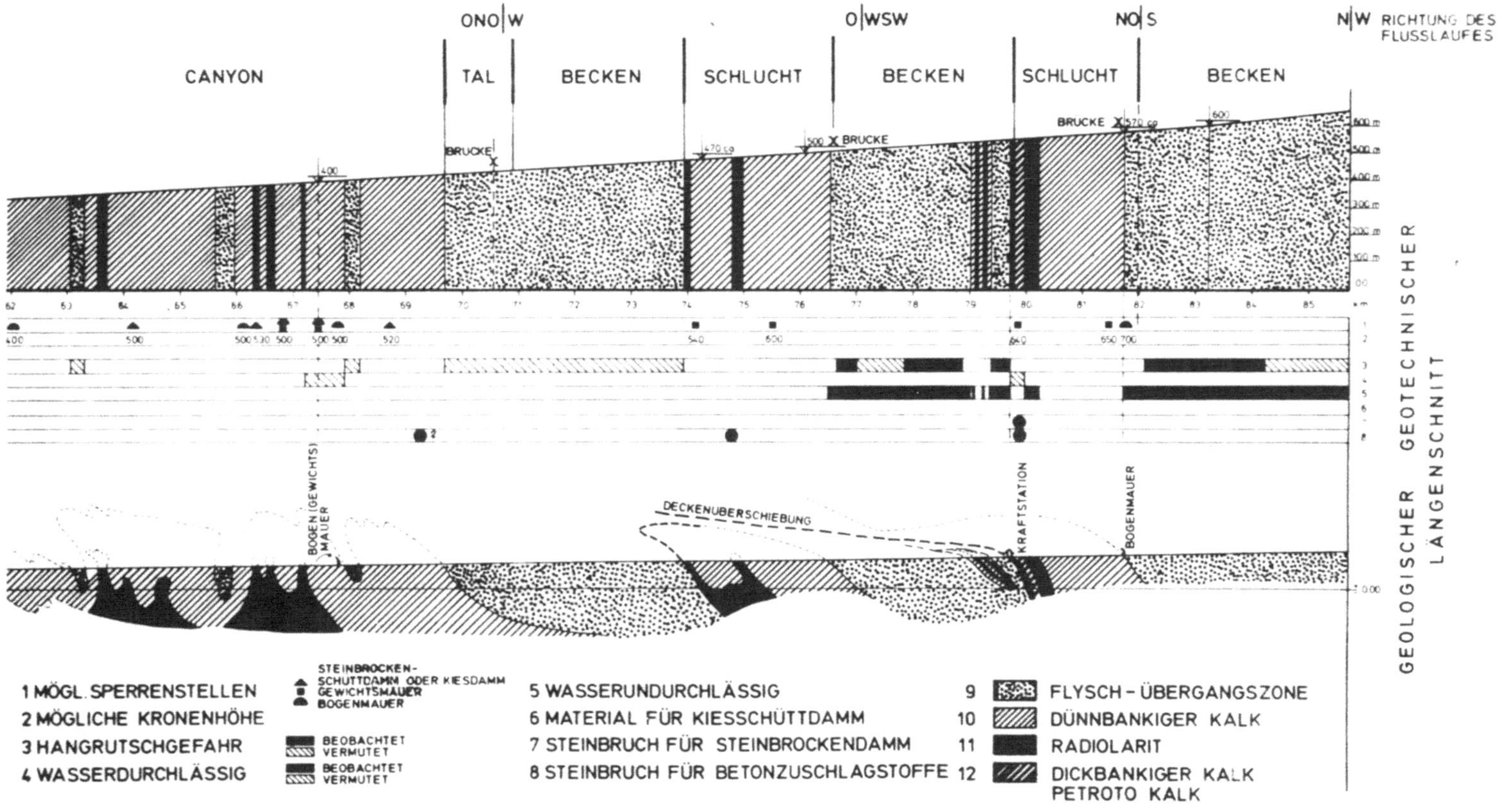
ONO|W
O|WSW
NO|S
N|W RICHTUNG DES FLUSSLAUFES
CANYON
TAL
BECKEN
SCHLUCHT
BECKEN
SCHLUCHT
BECKEN
BRÜCKE
BRÜCKE
BRÜCKE
GEOLOGISCHER GEOTECHNISCHER LÄNGENSCHNITT
BOGEN (GEWICHTS) MAUER
DECKENÜBERSCHIEBUNG
KRAFTSTATION
BOGENMAUER
1 MÖGL. SPERRENSTELLEN
2 MÖGLICHE KRONENHÖHE
3 HANGRUTSCHGEFAHR
4 WASSERDURCHLÄSSIG
STEINBROCKEN-SCHÜTTDAMM ODER KIESDAMM
GEWICHTSMAUER
BOGENMAUER
BEOBACHTET
VERMUTET
BEOBACHTET
VERMUTET
5 WASSERUNDURCHLÄSSIG
6 MATERIAL FÜR KIESSCHÜTTDAMM
7 STEINBRUCH FÜR STEINBROCKENDAMM
8 STEINBRUCH FÜR BETONZUSCHLAGSTOFFE
9 FLYSCH-ÜBERGANGSZONE
10 DÜNNBANKIGER KALK
11 RADIOLARIT
12 DICKBANKIGER KALK PETROTO KALK

Abb.1. Geologischer - Geotechnischer Längenschnitt

46.4 DIE ENTWICKLUNG DES PROJEKTES DER GEWÖLBEMAUER KÖLNBREIN

Dipl.Ing.W.Finger, Ing.J.Rainer, Dipl.Ing.H.Stäuble,
Dipl.Ing.Dr.techn.R.Widmann

1. Allgemeines

Die Gewölbemauer Kölnbrein ist das Hauptbauwerk des Pumpspeicherkraftwerkes Malta in Kärnten, Österreich. Die Projektierung dieser zweistufigen Kraftwerksanlage erstreckte sich über 2o Jahre und war in diesem Zeitraum naturgemäß stark von der Bedarfsentwicklung, der Energieversorgung und der Entwicklung des Sperrenbaues beeinflußt.

Da der Bedarf an elektrischem Strom in Österreich überwiegend mit Wasserkraft gedeckt wird, waren die Speicherkraftwerke zum Ausgleich des jahreszeitlich stark schwankenden Dargebotes der Flußkraftwerke erforderlich. Der zunehmende Einsatz kalorischer Kraftwerke verschob die Bedeutung der Speicherkraftwerke mehr zu einer Deckung der Bedarfsspitzen. In den ersten Entwürfen des Kraftwerksprojektes war daher die Speichergröße aus der Forderung nach einem Jahresausgleich des Wasserdargebotes bemessen und die Ausbauleistung des Kraftwerkes für eine größere Anzahl von Benützungsstunden ausgelegt worden. In den folgenden Jahren ergab sich die Notwendigkeit, die Ausbauleistung des Projektes zur Deckung der Bedarfsspitzen möglichst hoch anzusetzen. Nunmehr, im Zeitalter der aufkommenden Kernenergie, gewinnt die Spitzendeckung immer noch an Bedeutung: der Speicherinhalt soll zusätzlich einen Pumpwälzbetrieb und gleichzeitig eine Reservehaltung ermöglichen. In der letzten Projektierungsphase ergab sich daher nochmals die Zweckmäßigkeit einer Vergrößerung des Speichernutzinhaltes.

Zu Beginn der Projektierung war nur an eine Überleitung des Gößund Maltabaches zum benachbarten Winterspeicherwerk Reißeck-Kreuzeck gedacht (Abb.1). MAGNET (1) erkannte frühzeitig die außergewöhnlich günstigen topographischen und geologischen Voraussetzungen im oberen Maltatal für den Bau eines Großspeichers und entwickelte 1954 das Einstufenprojekt Galgenbichl-Kolbnitz. Der Großspeicher für dieses

Projekt sollte einen Nutzinhalt von 7o Mio m3 erreichen, die Ausbauleistung wurde mit 136 MW gewählt. In der Folge wurden verschiedene Sperrenstellen untersucht und der gesamte nutzbare Speicherraum gesteigert.

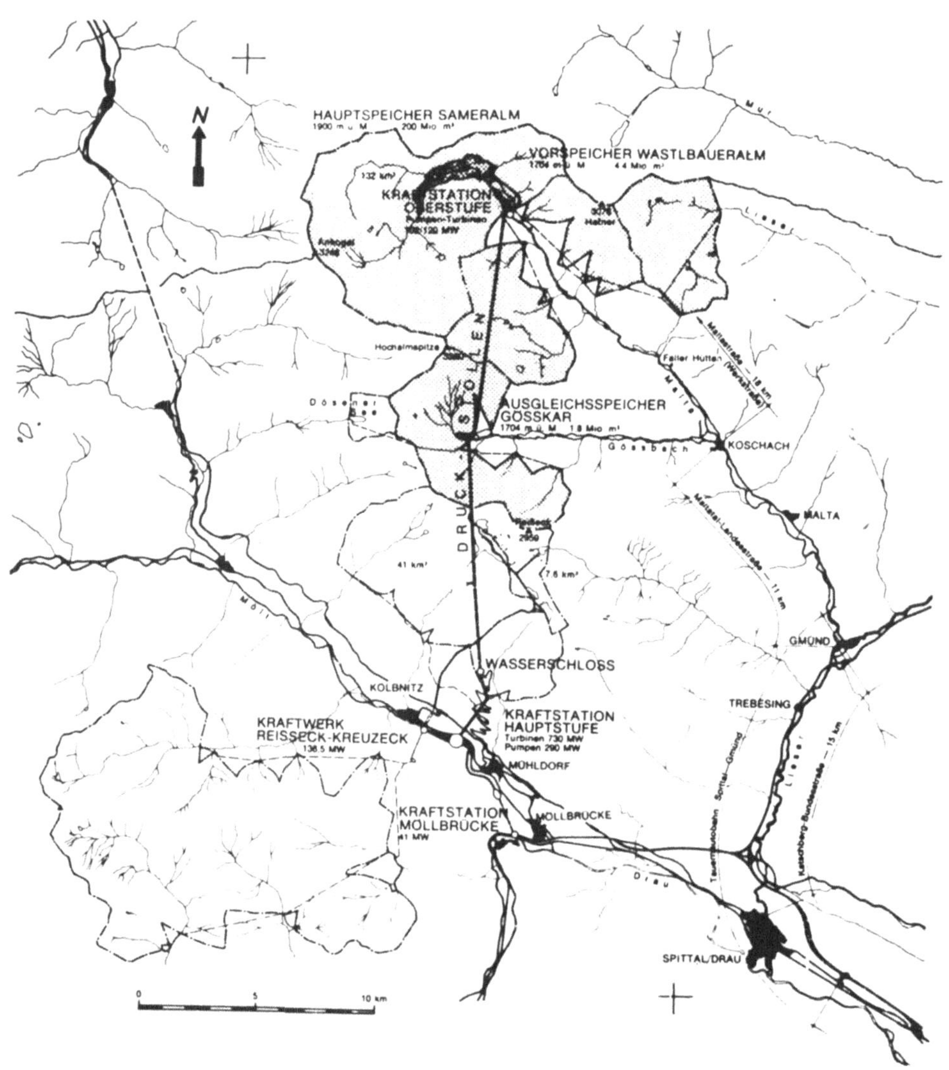

Abb.1. Übersicht über das Gesamtprojekt

Tabelle 1: Entwicklung des Kraftwerksprojektes

	Ausbau-leistung MW	Energieerzeugung Winter GWh	Sommer GWh	Jahr GWh	Speicherinhalt J_N Mio m3
1954	136	2o9	117	326	7o
1964	42o	53o	114	644	166
1965	63o	53o	114	644	166
1972	84o	635	143	778	2o6

Auf die vielen Projekte in der Zwischenzeit soll hier nicht näher eingegangen werden, doch weist das nunmehr zur Ausführung gelangende Projekt eine wesentlich bessere Nutzung des natürlichen Wasserdargebotes auf. Der gesamte zur Verfügung stehende Speicherraum erreicht nunmehr 2o6 Mio m3 und die Ausbauleistung 84o MW (1). Der folgende Bericht soll sich auf die Entwicklung der Projekte für die Gewölbemauer erstrecken, an der GRENGG während seiner Tätigkeit als Professor für Konstruktiven Wasserbau an der Technischen Hochschule Graz maßgeblich mitgewirkt hat.

2. Die geologischen Verhältnisse

Der gesamte Bereich der in Frage kommenden Sperrenstellen liegt zur Gänze im Zentralgneismassiv der Ankogel-Hochalmgruppe in den östlichen Hohen Tauern. Im Laufe der Projektsentwicklung sind vier Engstellen dieses Talstückes als Sperrenstellen, erstmals von HORNINGER, später von CLAR, geologisch studiert worden. Dem Lauf des Maltabaches folgend, sind diese (Abb.2):

- Die Sperrenstelle A, ausgewählt für die Hauptsperre des vorliegenden Projektes, knapp unterhalb der Mündung des Kölnbreinbaches. Schon die ersten Begehungen und Bohrungen hatten die äußerst günstigen Voraussetzungen an dieser Sperrenstelle erkennen lassen: an beiden Talflanken gesunder Fels unter sehr geringer Überlagerung und geringe Wasserwegigkeit im Felsuntergrund.
- Die Sperrenstelle B am Ausgang des Sonntagsbodens, ca. 5oo m ober der Wastlbaueralm mit schon zum Teil nicht unbeträchtlichen Felsüberdeckungen (in der Talsohle bis 27 m), einer Störung im linken Hang und einer wesentlich größeren Wasserwegigkeit des Untergrundes als bei der Sperrenstelle A.
- Die Sperrenstelle Galgenbichl am Ausgang des Wastlbauerbodens, eine eisgeschliffene Felsschwelle quer über das Tal und im jetzi-

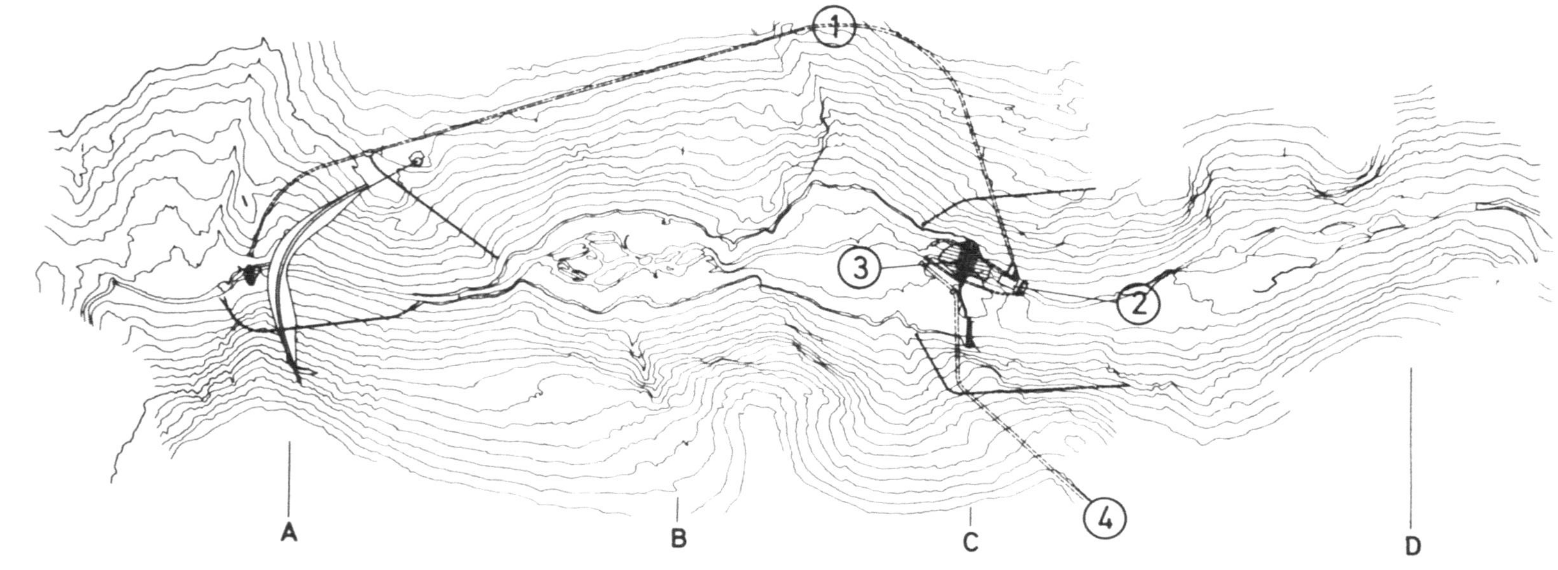

Abb.2. Lageplan der vier Sperrenstellen und der im Bau befindlichen Oberstufe (Schichtenlinienabstand 2o m)

A ... Sperrenstelle, ausgewählt für die Hauptsperre des vorliegenden Projektes
B ... Sperrenstelle Sonntagsboden
C ... Sperrenstelle, ausgewählt für die kleinere Vorsperre des vorliegenden Projektes
D ... Sperrenstelle Grafensitz

1 .. Triebwasserführung-Oberstufe
2 .. Krafthaus Galgenbichl
3 .. Steinschüttdamm Galgenbichl
4 .. Triebwasserführung Hauptstufe

gen Projekt für die kleine Vorsperre gewählt, jedoch aus topographischen Gründen für eine hohe Talsperre weniger geeignet (5).

Knapp talaus des sogenannten Grafensitzes am Ausgang des Ochsenbodens (Sperrenstelle D), jedoch unterhalb einer beim Grafensitz erkannten, in ihren Auswirkungen schwer abschätzbaren Störungszone. Auch hier ließen die Bohrungen eher eine größere Wasserwegigkeit und daher höhere Aufwendungen für den Dichtungsschirm erwarten.

Diese vier Sperrenstellen wurden auf Grund eines ausgedehnten Schürf- und Bohrprogrammes geologisch zwar als geeignet für die Errichtung einer großen Gewölbemauer beurteilt, dennoch war gerade in den geologischen Bedingungen die Sperrenstelle A (Kölnbrein) für die Hauptsperre deutlich überlegen, so daß die knapp unterhalb liegende Sperrenstelle B aufgegeben wurde. Die Sperrenstelle Galgenbichl schließlich fügte sich besser in das Gesamtkonzept des zur Ausführung gelangenden Projektes ein, so daß die Sperrenstelle Ochsenboden ebenfalls aufgegeben wurde.

Im Hinblick auf die generellen geologischen Bedingungen der Stauräume, insbesondere die Dichtigkeit und die Standsicherheit der Stauraumhänge, bestehen keine wesentlichen Unterschiede zwischen den verschiedenen Sperrenstellen. Das Maltatal liegt so isoliert als tiefster Einschnitt zwischen hohen Kämmen im großen Zentralgneismassiv, daß nach Abdichtung der Sperrenstellen selbst keine Möglichkeit für Verluste in anderer Richtung bestehen kann. Gegen den Einfluß eines Aufstaues und von Spiegelschwankungen sind die glazial bearbeiteten Felshänge aus Gneisen samt ihren Grobschutthalden weitestgehend unempfindlich, so daß höchstens örtliche Störungen der Stabilität der Hänge zu erwarten sind.

3. Projektsvarianten 1954 bis 197o

Die technische Entwicklung des Gewölbemauerbaues in den vergangenen zwei Jahrzehnten ist gekennzeichnet durch die Fortschritte:

a) in der Projektierung, wo eine genauere und schnellere Erfassung des Kräftespiels in der Talsperre und im Untergrund bei beliebiger Formgebung der Sperre durch den Einsatz der Computer möglich geworden ist. Damit verbunden ist auch die Möglichkeit der Untersuchung von zahlreichen Varianten, um die optimale und wirtschaftlichste Form des Sperrenkröpers zu finden.

b) in der Baugrunderkundung und Felsmechanik, wodurch die meist maßgebende Sicherheit im Sperrenuntergrund besser erfaßt werden konnte und

c) auf der Baustelle durch die fortschreitende Mechanisierung, die eine beachtliche Leistungssteigerung bei gleichzeitiger Verringerung der Kosten ermöglicht hat.

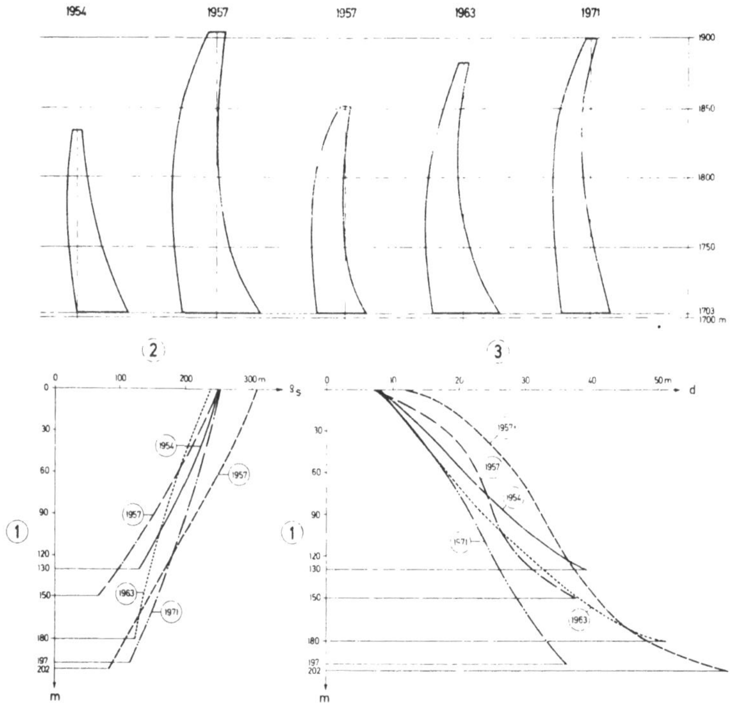

Abb.3. Mittelschnitte der Gewölbemauervarianten (1954 - 1971)
(1) .. Sperrenhöhe
(2) .. Krümmungsradien im Scheitel
(3) .. Mauerstärken im Scheitel

Insbesondere die Fortschritte in der Formgebung von Gewölbemauern haben wesentlich zu deren Wirtschaftlichkeit beigetragen. Die ersten Entwürfe, etwa am Anfang der fünfziger Jahre wiesen alle als Form für die horizontalen Bogenlamellen Kreisbogen auf, die damals als Stützlinienbogen für die hydrostatische Belastung als günstigste Bogenform angesehen wurden. Das erste Projekt sah einen Speicher mit einem Nutzinhalt von 7o Mio m3 vor, der durch eine Gewölbemauer von 13o m Höhe bei der Sperrenstelle A geschaffen werden sollte, für die eine Betonkubatur von 7oo.ooo m3 erforderlich gewesen wäre. Die späteren Projekte sahen bereits einen zweistufigen Ausbau vor, so daß an der Sperrenstelle A zunächst zwei Stauziele, entsprechend einer 15o m und einer 2oo m hohen Gewölbemauer, untersucht wurden. Weitere Untersuchungen aus energiewirtschaftlicher Sicht haben dann in den folgenden Jahren ein Stauziel auf Höhe 1883 m als optimale Lösung ergeben. Für dieses Stauziel wurde eine Reihe von konstruktiven Varianten mit Kreis- und später auch Parabelbogen als Form für die horizontalen Bogenlamellen, zum Teil mit einer künstlichen Umfangsfuge zur Ausschaltung von Zugspannungen an der Aufstandsfläche, untersucht. Als statisch günstigste Lösung hat sich damals eine Gewölbemauer mit Parabelbogen ergeben, die eine Betonkubatur von 1,35 Mio m3 erforderte.

Da die relativ große Talbreite im unteren Mauerbereich doch für Gewölbemauern nicht sehr günstig ist, wurde an der gleichen Sperrenstelle ein Steinschüttdamm untersucht. Natürliches Dichtungsmaterial für einen Dichtungskern war in wirtschaftlicher Entfernung von der Sperrenstelle nicht vorhanden, daher wäre als Dichtungselement lediglich eine Außenhautdichtung mit Asphaltbeton in Frage gekommen, die jedoch bei so großen Stauhöhen noch nirgends angewendet worden war. Die Schüttkubatur für diesen Damm hätte etwa 1o Mio m3 betragen und damit mehr als das Siebenfache der Betonkubatur der Gewölbemauer. Da die Kosten je Kubikmeter Schüttmaterial in Österreich bei durchschnittlichen Verhältnissen etwa ein Sechstel der Kosten je Kubikmeter Sperrenbeton erreichen und die Betriebseinrichtungen für einen Steinschüttdamm jedenfalls aufwendiger als für eine Betonmauer sind, wäre diese Variante in den Kosten um mindestens 2o % teurer gekommen und wurde daher nicht weiter untersucht.

Da sich aus energiewirtschaftlichen Gründen der Bau des Kraftwerkes nochmals verzögerte, war vor dem tatsächlichen Baubeginn 1972 die Möglichkeit einer weiteren Überarbeitung des Sperrenentwurfes gegeben, wobei die letzten Fortschritte in der Formgebung von Gewölbemauern berücksichtigt werden konnten. Bei der Wahl von Kreis- oder Parabelbogen als Form der horizontalen Bogenlamellen steht bekanntlich nur jeweils ein Parameter für die Anpassung des Bogens an die örtlichen Gegebenheiten zur Verfügung. Das Verhältnis zwischen den Krümmungsradien im Kämpfer und Scheitel ist von vornherein gegeben. Auch bei früheren Entwürfen waren die meist erforderlichen Kämpferverstärkungen schon luftseitig des Bogens angefügt worden, so daß eigentlich die Bogenachse zum Kämpfer hin kleinere Krümmungsradien gegenüber dem übrigen Teil des Bogens erhielt (2). Geht man vom Gedanken des Stützlinienbogens als optimale Bogenform für die tatsächlich auf den Bogen entfallende Belastung aus, so verursachen unstetige Änderungen des Krümmungsradius unzweifelhaft unerwünschte Zusatzspannungen in den Bogen. Ein weiterer Vorteil für eine stetige Achsgleichung vom Scheitel bis zum Kämpfer ergibt sich bei der Ermittlung der Absteckdaten für die einzelnen Betonierzonen der Gewölbemauer, weil die Interpolation von Zwischenhorizonten und Zwischenpunkten leichter möglich ist. Ebenso wie bei der Gewölbemauer Schlegeis (3) wurden daher Kegelschnitte als Form für die horizontalen Bogenlamellen gewählt, die zwei Parameter für die Anpassung der Bogen an die örtlichen Gegebenheiten ermöglichen. Die Form dieser Kegelschnitte geht stetig von Hyperbeln im Kronenbogenbereich über Parabeln, Ellipsen und den Kreis zu Ellipsen mit dem vom Scheitel zum Kämpfer hin abnehmenden Krümmungsradius über. Die sich so ergebende Mauerform kann statisch und optisch als optimal bezeichnet werden.

In Tabelle 2 sind die Hauptdaten der wichtigsten, während der Projektierungszeit für die Sperrenstelle A entwickelten Gewölbemauervarianten zusammengestellt. Da die Mauern nach verschiedenen Gesichtspunkten entwickelt, nach verschieden genauen Verfahren berechnet und unterschiedliche Spannungen, insbesondere Zugspannungen, als zulässig erachtet wurden, sind die Kubaturen nicht unmittelbar vergleichbar. Da die nunmehr zur Ausführung gelangende Gewölbemauer jedoch eher konventionelle Spannungen aufweist, ist der durch die weiterentwickelte Formgebung erzielte wirtschaftliche Fortschritt eher größer als dem unmittelbaren Kubaturvergleich zu entnehmen ist. Der Vergleich zeigt aber auch die Problematik von Überschlagsformeln für die Sperrenkubatur, da letztere doch auch weitgehend von dem Geschick des Projektanten abhängt.

Tabelle 2: Gewölbemauervarianten

Jahr	Bogenform	Stauziel (m ü.A.)	Nutzinhalt (Mio m3)	H (m)	L (m)	V (1000 m3)
1954	Kreis	1835	70	130	430	700
1957	Kreis	1905	210	202	630	2200
1957	Kreis	1850	90	150	470	900
1963	Parabel	1883	160	180	525	1350
1971	Kegel schnitt	1883	160	180	520	1250
1971	Kegel-schnitt	1900	200	197	620	1550

4. Das Ausführungsprojekt

4.1 Die geologischen Verhältnisse

Bereits 1957 waren an der Sperrenstelle 27 Bohrungen mit einer Gesamtlänge von etwa 11oo m abgeteuft worden, die später durch einige Schürfröschen im luftseitigen Vorland des Sperrenflügels ergänzt wurden. 1965 wurde ein 4o m langer Sondierstollen etwa in halber Höhe des rechten Hanges vorgetrieben, der die ursprüngliche Befürchtung von tiefreichenden hangparallelen Klüften widerlegte. 1971 schließlich wurde durch einen Sondierstollen im unteren Teil des rechten Hanges die etwas tiefer als erwartet liegende Felsoberfläche erkundet; dieser Stollen wurde dann auch noch bis zu einer Gesamtlänge von 68 m in den gesunden Granitgneis verlängert. 1972 wurde im oberen Teil der linken Flanke noch ein Sondierstollen mit 69 m Länge im Plattengneis vorgetrieben, der ebenfalls bestätigte, daß sich die Auflockerung des Felsgefüges nur auf die obersten Meter beschränkt. Als Ergebnis dieser Untersuchungen konnte festgestellt werden, daß im unmittelbaren Sperrenbereich drei Gesteinsgruppen nach dem Glimmergehalt und einer mehr oder minder ausgeprägten Schieferung unterschieden werden können. Im rechten, westlichen Talhang herrscht ein massiger Granitgneis vor, in der Talmitte zieht ein Streifen schiefrigen Gneises durch, während der linke Talhang aus mehr plattigen Gneisen gebildet wird.

Zur Ermittlung von Kennwerten für die Verformungs- und Festigkeitseigenschaften des Felses wurde in den beiden oberen Sondierstollen des rechten und linken Hanges je ein Radialpressenversuch durchgeführt. Diese Versuche wurden im Labor durch Verformungsmodulbestimmungen an Bohrkernen, Scherversuche an Felshandstücken und Triaxialversuche an massiven und geklüfteten Bohrkernen ergänzt (4).

4.2. Die Formgebung der Talsperre

Sperrenstelle und Sperrentyp waren bereits im Projekt für die niedrigere Mauer 1962 eingehend untersucht worden, so daß im Ausführungsprojekt für die höhere Mauer auf diesbezügliche Variantenuntersuchungen verzichtet werden konnte. Der Talquerschnitt ist, bezogen auf die Aufstandsfläche, nahezug parabolisch und annähernd symmetrisch geformt. Wie bei allen Gewölbemauerentwürfen war auch hier das Optimum zwischen zwei einander widersprechenden Forderungen zu finden: eine möglichst große Krümmung der Horizontalschnitte verringert zwar die Bogenspannungen, eine steile Einbindung der Bogenkämpfer verbessert aber die Möglichkeit einer Lastausbreitung im

Sperrenuntergrund. Die wasserseitige Begrenzung der möglichen Sperrenlagen war durch die Forderung gegeben, die Höhe der Felsanschnitte so gering wie möglich zu halten. Damit war die Lage des Scheitels der Sperre bestimmt, während die zweite oben genannte Bedingung, die luftseitige Begrenzung der möglichen Einbindung in die Sperrenflanken ergab. Auf der linken Talflanke kam noch eine großräumige Verflachung und ein Zurückweichen der Geländeoberfläche talauswärts hinzu, so daß hier die örtlichen topographischen Verhältnisse bereits Lage und Richtung der Sperreneinbindung erzwangen (Abb.4 und 5).

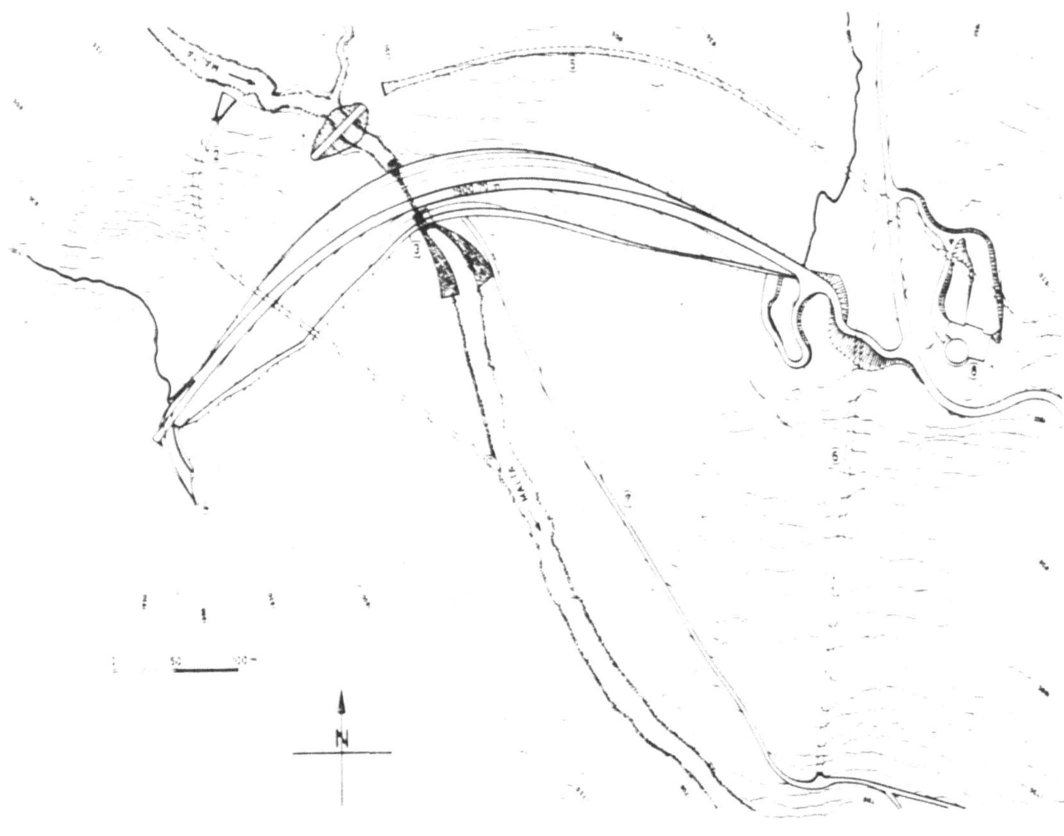

Abb.4. Lageplan der Sperre Kölnbrein

(1) .. Fangedamm	(5) .. Triebwasserstollen
(2) .. Umlaufstollen	(6) .. Zugangsstollen
(3) .. Grundablaß	(7) .. Zufahrtsstraße
(4) .. Hochwasserüberfall	(8) .. Bauleitungsgebäude

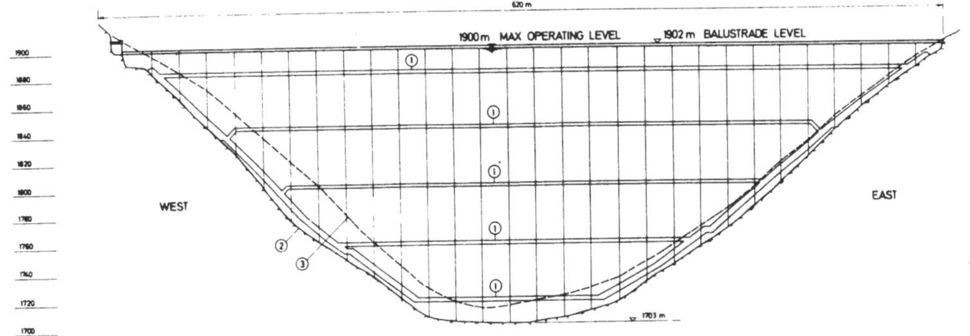

Abb.5. Längsschnitt
(1) .. Kontrollgänge
(2) .. Aushublinie
(3) .. Gelände auf der Wasserseite

Für die Talmitte und den linken Sperrenflügel konnten im neuen Entwurf alle Forderungen ohne Einschränkung erfüllt werden. In der rechten Talflanke waren jedoch hohe Felsanschnitte nicht zu vermeiden. In Anlehnung an ausländische Vorbilder bot sich für diesen Bereich als Lösung an, die hohen Felsanschnitte zur Abstützung der Kragträger im Eigengewichtslastfall heranzuziehen, während unter höherem Stau die Kräfte aus der Gewölbemauer zur Gänze auf deren Aufstandsfläche übertragen werden.

Die Größe der Sperre Kölnbrein wird vielleicht am besten durch einen Vergleich des auf die Sperre wirkenden Wasserdruckes gekennzeichnet: dieser Wasserdruck, bezogen auf eine Ebene entlang der Aufstandsfläche, erreicht bei Kölnbrein etwa 5,28 Mio t, während z. B.die um 3o % höhere Gewölbemauer Vajont nur 3,o5 Mio t, die um 2o % höhere Sperre Mauvoisin 4,96 Mio t aufzunehmen hat. In dieser Reihung wäre die Gewölbemauer Kölnbrein bereits an dritter Stelle der Weltrangliste, da lediglich die Gewölbemauer Inguri (USSR, H = 271,5 m) mit 8,6 Mio t und die Gewichtsmauer Grande Dixence (CH, H = 285 m) mit 8,o Mio t noch größere Wasserdruckbelastungen aufzunehmen haben.

Der zur Ausführung gelangende Entwurf genügt folgenden Bedingungen:

- Die maximale Betondruckspannung im Sperrenkörper erreicht im normalen Betriebsfall 9o kp/cm2.

- Die maximalen Hauptdruckspannungen entlang der Aufstandsfläche liegen bei etwa 8o kg/cm2.
- Die maximalen Hauptzugspannungen in der Aufstandsfläche an der Wasserseite liegen in den normalen Betriebsfällen unter 8 kg/cm2.
- Der Ausbreitungswinkel für die Kämpferresultierenden ist an beiden Talflanken etwa gleich groß (4).
- Die Kämpferkräfte erreichen ein Maximum von 12.ooo t/lfm Sperrenumfang und sind über einen weiten Umfangbereich annähernd gleich groß (4).

Die Verformungsmodulen des Sperrenuntergrundes wurden nach den Ergebnissen der felsmechanischen Versuche mit 23o.ooo kg/cm2 auf der linken Flanke und 35o.ooo kg/cm2 auf der rechten Flanke in die Berechnung eingeführt.

Die Hauptberechnung der Sperre wurde nach dem Lastaufteilungsverfahren unter Berücksichtigung von drei Verformungsrichtungen mit fünf horizontalen Bogen und neun vertikalen Kragträgerlamellen durchgeführt. Eine engere Netzteilung brachte keine Änderung im Spannungsverlauf. Die Ergebnisse der Berechnung wurden durch einen Modellversuch im Maßstab 1:25o überprüft und bestätigt. Die Kragträger des Trägerrostes sind jeweils in den Bogenkämpfern errichtet, wobei angenommen wurde, daß sich Bogen- und Kragträgerkämpfer gemeinsam verformen. Die Variation der Kegelschnitte über die Höhe der Mauer brachte eine Reihe von statischen Vorteilen: die hyperbolische Bogenform im oberen Bereich ergibt kleine Krümmungsradien im Scheitel und damit eine größere Steifigkeit der oberen Lamellen, die Ellipsen mit vom Scheitel zum Kämpfer hin abnehmendem Krümungsradius im untersten Mauerbereich nehmen im Scheitel weniger Last auf und haben auch geringere Biegemomente im Kämpfer. Diese Form bringt also eine Entlastung der unteren, im allgemeinen höher beanspruchten Mauerbereiche und eine zusätzliche Belastung der oberen, meist weniger beanspruchten Bereiche. Damit wurde eine Vergleichmäßigung der Beanspruchungen sowohl im Sperrenkörper als auch in der Aufstandsfläche erzielt. Die geometrischen Daten des Ausführungsprojektes sind der (Abb.6) zu entnehmen.

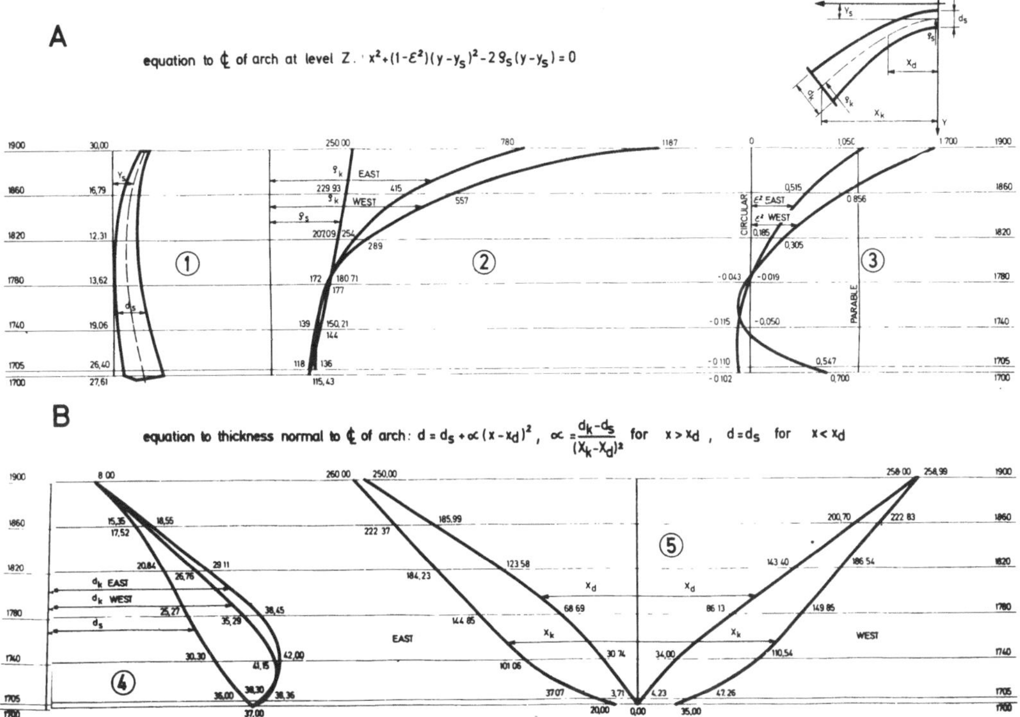

Abb.6. Geometrische Daten des Ausführungsentwurfes

A ... Bogenachsen	B ... Mauerstärke
1 .. y_S	4 .. d_S, d_K
2 .. ϱ_S, ϱ_K	5 .. x_d, x_K
3 .. ε^2	

Das Streben nach einer Mauerform, die sich möglichst optimal den topographischen und geologischen Verhältnissen anpaßt, führte am rechten Hang zu einer Sonderlösung. Die allgemein übliche Ausführung, daß jeder Kragträger der Bogengewichtsmauer im Eigengewichtslastfall für sich frei stehen muß, hätte in diesem Bereich bis zu 5o m hohen Felsanschnitten geführt. Zunächst wurde eine Variante mit im Radialschnitt stufenweisem Aushub untersucht, wie dies bei früheren Gewölbemauern üblich war. Die große Höhe dieser Stufen ließ jedoch nicht unbeträchtliche Kerbspannungen erwarten. Auch das elastische Spiel im Felsuntergrund im Zusammenhang mit dem Dichtungsschirm schien problematisch. Das konstruktive Problem wäre durch Ausbildung des luftseitigen Mauerfußes als Betonsockel zu lösen gewesen, doch ließ eine genauere Untersuchung an der Aufstandsfläche beim Übergang vom Fels auf den Beton infolge der verschiedenen Elastizitätsmodulen unerwünschte Spannungsspitzen als möglich erscheinen (Abb.7).

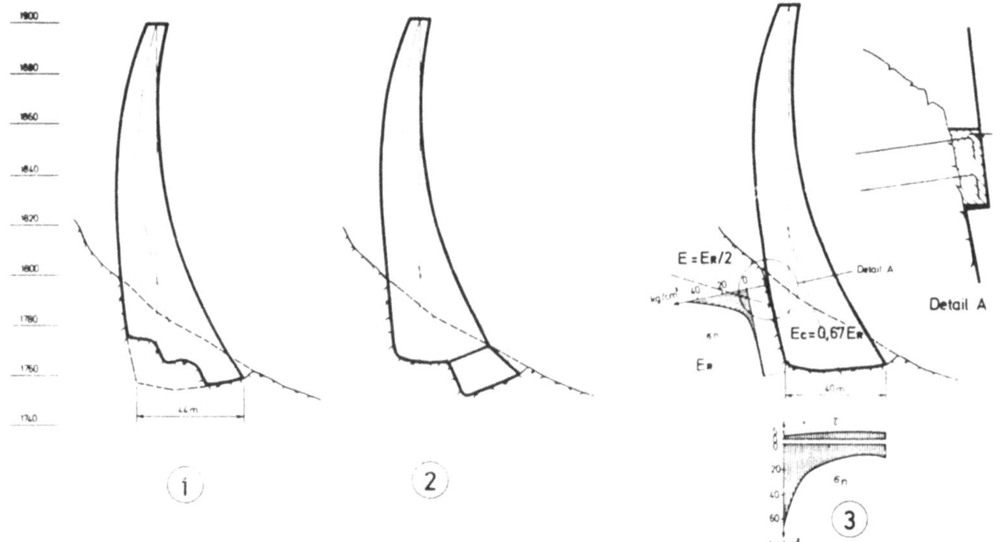

Abb.7. Mauerform am rechten Hang
(1) .. Variante 1
(2) .. Variante 2
(3) .. Ausführungsvariante

Diese Überlegungen führten zu einer kontinuierlichen, jedoch stark unterschnittenen Mauerform, die sich bei leerem Speicher an den wasserseitigen Felsanschnitt anlehnt. Die Höhe der Felsanschnitte konnte auf diese Weise doch auf knapp 4o m verringert werden. Auch die Kämpferstärken der Mauer waren wesentlich geringer als bei der üblichen Ausführung, so daß mit etwa der gleichen Beton- und Aushubkubatur wie bei der ersten Variante das Auslangen gefunden werden konnte. Die sich im Eigengewichtslastfall ergebenden Spannungen wurden nach der FINITE ELEMENT METHOD berechnet und sind in Abb.7 dargestellt. Diese Ergebnisse wurden später noch durch spannungsoptische Versuche überprüft. Beide Untersuchungen ergaben übereinstimmend eine stärkere Abstützung der Sperre im oberen Bereich des Felsabschnittes als der erwarteten dreieckigen Spannungsverteilung entsprochen hätte.

Zwei Sonderprobleme waren jedoch bei dieser Lösung zu beachten:

- Beim Injizieren der vertikalen Blockfugen vor dem Einstau wird der Spannungszustand im vorher unabhängigen Lotschnitt fixiert. Löst sich nun die Mauer beim Aufstau vom wasserseitigen Felsvorland, so braucht nur jener Wasserdruck als zusätzliche Belastung der Sperre eingeführt werden, der die vorher vorhandene Felspressung an der Wasserseite übersteigt. Vergleichsrechnungen haben übrigens ergeben, daß sich die Ergebnisse dieser genaueren Berechnung nur wenig von der normalen Berechnung unterscheiden. Ähnliche Probleme treten bekanntlich auch bei Berücksichtigung der gerissenen Zugzone in der Aufstandsfläche von Gewölbemauern auf.

- Während des Betriebes treten zwischen der Wasserseite der Mauer und dem Fels nicht nur relative Radialverschiebungen, die zur Ablösung der Mauer vom Fels führen, sondern auch relative Tangentialverschiebungen auf, die ohne Vorkehrungen nicht unbehindert vor sich gehen könnten, da der Fels aus geologischen Gründen natürlich nicht glatt ausgesprengt werden kann. In jenen Bereichen, in denen die Tangentialverformung größer als ein Drittel der Radialverformung zu erwarten war, wurde daher die Felswand vor dem Anbetonieren mit Torkret geglättet und eine Verbindung zwischen Torkret und Beton durch einen Anstrich verhindert. Außerdem wurde knapp unter der Geländeoberfläche entlang des Umfanges die Fuge Fels/Beton gegen Schlammabsetzungen gedichtet, um eine Behinderung der elastischen Verformungen des Sperrenkörpers zu vermeiden.

Abschließend sei noch erwähnt, daß die zulässige Ausnutzung des Betons unter Berücksichtigung der zweiachsigen Festigkeit und daher auch des zweiachsigen Spannungszustandes im Sperrenkörper festgelegt wurde. Für die maßgebende Druckbeanspruchung wurde ein Sicherheitsfaktor von 3,3 , bezogen auf das 1o%-Fraktile der Druckfestigkeit von 18o Tage alten 3o cm-Würfeln, gewählt.

5. Zusammenfassung

Die Entwicklung des Projektes der Gewölbemauer Kölnbrein spiegelt den technischen Fortschritt im Entwurf von Gewölbemauern innerhalb von zwei Jahrzehnten wieder. Durch Anwendung von Kegelschnitten für die Form der horizontalen Bogenlamellen konnte eine optimale Anpassung an die örtlichen Gegebenheiten erzielt werden. Der Einsatz von Computern ermöglichte die Berechnung mehrerer Varianten in kurzer Zeit.

Mit den Aushubarbeiten für die Gewölbemauer wurde 1972 begonnen; im Herbst 1974 konnte der erste Beton eingebracht werden. Für die eigentliche Betonierung sind die Sommer der Jahre 1975 bis 1977 vorgesehen. Der erste Teilstau soll bereits 1976 durchgeführt werden, der erste Vollstau ist für 1978 geplant.

Literatur

(1) E.MAGNET,
"Wasserkraftnutzung in Kärnten", Österr.Wasserwirtschaft, Jg.14, Heft 1o/11, 1962.

E.WERNER,
"The Malta hydroelectric scheme",
Water Power, August 1972.

(2) R.KETTNER,
"Zur Formgebung und Berechnung der Bogenlamellen von Gewölbemauern",
Schriftenreihe 'Die Talsperren Österreichs', Heft 8, 1959.

R.WIDMANN,
"Der Parabelbogen im Gewölbemauerbau",
'Der Bauingenieur', Heft 6, 1961.

R.WIDMANN,
"Zur Berechnung und wirtschaftlichen Formgebung von Gewölbemauern",
Österr.Ingenieurzeitschrift, ÖIZ, Heft 8, 1961.

(3) R.WIDMANN,
"The Dams of the Zemm-Hydroelectric Scheme",
World Dams today, 197o.

(4) E.MAGNET, R.WIDMANN,
"Foundation Problems of Koelnbrein Arch Dam",
3rd ISRM Congress 1974, Denver, Colorado.

(5) H.KIESSLING, R.RIENÖSSL, W.SCHOBER,
"Earth and Earth-Rock Dams in Austria",
Generalbericht, 12.Internationaler Talsperrenkongreß 1976 in Mexiko.

FRAGE 47 : AUSWIRKUNGEN EINIGER UMWELTFAKTOREN AUF SPERRENBAUWERKE UND SPEICHER

47.1 ZAHLENMÄSSIGE ANALYSEN VON STAURAUMVERLANDUNGEN

Dipl.Ing.Dr.techn.R.Partl

1. Einleitung

Kraftwerksgesellschaften pflegen die Stauräume der in ihrem Betrieb stehenden Wasserkraftanlagen regelmäßig zu überwachen. Die dabei angewandten Methoden sowie die Zielsetzungen sind aber von Fall zu Fall verschieden. In diesem Bericht wird versucht, unterschiedliche Meßergebnisse über Stauraumverlandungen zu analysieren, um vermuteten Korrelationen zwischen den einflußnehmenden Parametern auf die Spur zu kommen und gewisse Merkmale herauszufinden, die vielleicht einen Anhalt für die überschlägige Abschätzung zu erwartender Anlandungen in neu projektierten Stauräumen geben könnten. Von einem solchen Versuch dürfen noch keine allgemein gültigen Gesetze erwartet werden, doch mag er Anregungen für neue Wege der Datenermittlung und -auswertung geben.

Meßergebnisse liegen von einer großen Anzahl von Wasserkraftanlagen vor, die bis zu 30 Jahren und mehr in Betrieb stehen und über entsprechend lange Stauraumbeobachtung verfügen. Die Probleme sind grundsätzlich verschieden je nachdem es sich um große Wasserspeicher in der alpinen Hochregion oder um Stauräume von Niederdruckanlagen im Alpenvorland handelt. Kurzzeitspeicher nehmen eine Art Mittelstellung ein und weisen oft Merkmale beider Typen auf.

Jedem der hier behandelten Stauräume wird eine Kurzbezeichnung zugewiesen, die jeweils auf den Namen des Speichers und auf das Jahr der Inbetriebnahme hinweist. Nähere Einzelheiten für die betreffenden Stauräume können dem Band "Large Dams in Austria" entnommen werden, der anläßlich des Talsperrenkongresses 1964 in Edinburgh verteilt wurde. (Siehe "Talsperrenstatistik", Heft 12, und "Talsperren-Statistik 1971", Heft 19 der Schriftenreihe "Die Talsperren Österreichs".)

2. Verlandung großer Speicherbecken

Kenndaten der in dieser Gruppe untersuchten Speicher sind in Tabelle 1 verzeichnet. Ihnen allen ist gemeinsam, daß die vorgesehenen Toträume sehr klein sind, nämlich nur die Größenordnung von 1 - 2 % des Gesamtinhaltes haben, aber trotzdem zur Aufnahme der Anlandungen über viele Jahrzehnte, ja sogar bis über die Lebensdauer der Anlage hinaus ausreichen.

Der Verlandungsfortschritt wird gewöhnlich in mehrjährigen Abständen überwacht. Angesichts des Genauigkeitsgrades von Echolotungen würden kürzere Meßintervalle kaum eine wertvollere Information geben. Selbst im besonders häufig und genau überwachten Stauraum MA 52, der unterhalb eines großen Gletschers liegt, und wo ein- bis zweimal jährlich die Verlandung gemessen wird, läßt sich keinerlei Beziehungsfunktion zwischen dem Verlandungsfortschritt und den darauf einwirkenden Klimagrößen wie Niederschlag (Einwirkung über die Bodenerosion) oder Lufttemperatur (Einwirkung über Gletscherregime) aufstellen. Durchaus der Erwartung entsprechend, ist gelegentlich in einem Jahr hoher Niederschläge und hoher Lufttemperaturen auch eine beträchtliche Anlandung zu verzeichnen, in einem anderen ebenso feucht-warmen Jahr aber blieb eine solche völlig aus, während wiederum in anderen Jahren mit kühlem und trockenem Wetter viel Feststoffe abgesetzt wurden.

Hingegen zeigt die in vier Großspeichern und zwei Kurzzeitspeichern nachgewiesene Verlandungsmenge V_s eine glaubwürdige Beziehung zur Größe des Einzugsgebietes, siehe Tabelle 2. Bezieht man die mittlere jährliche Anlandung auf das Einzugsgebiet, so resultieren die Werte für den Flächenabtrag vorwiegend zwischen 0,5 und 1 mm pro Jahr. Der obere dieser Grenzwerte scheint am ehesten einen "Normalwert" zu repräsentieren. Er gilt für den Speicher DU 66, der in der geologisch weniger widerstandsfähigen Schieferzone liegt, für MA 52 mit einem durch Gletscherschliff bestimmten Feststoffregime und auch für SI 43 mit einem teilweise vergletscherten Einzugsgebiet in den Zentralalpen. Demgegenüber liegen die Ergebnisse für die drei Kapruner Speicher auffällig tief: MO 56 am unteren Grenzwert und etwa in der Mitte zwischen den Werten für WA 49 und BU 46. Man ist trotzdem geneigt, dem höheren Meßergebnis für WA 49 mehr zu trauen.

Der niedrige Wert für BT 51 in der abtragsreichen Zone der nördlichen Kalkalpen fällt aus der Reihe; er ist offenbar damit zu erklären, daß wegen der Kleinheit des Stauinhaltes viele Feinststoffe mit dem Betriebswasser durchgespült werden und nicht zum Absitzen kommen.

Bez.	Name und Betriebsaufnahmejahr	Einzugsgebiet *) km2	Jahreswasserfracht $\int Q$ **) hm3	Wasserspiegel max / min m	Bruttoinhalt V_o hm3	Nutzinhalt / Totraum hm3	Rückhalt $\frac{V_o}{\int Q}$
MO 56	Mooserboden (TKW) 1956	24 (99)	192	2036 / 1960	87,1	85,5 / 1,6	0,45
WA 49	Wasserfallboden (TKW) 1949	42 (131)	242	1672 / 1590	85,4	82,9 / 2,5	0,35
DU 66	Durlassboden (TKW) 1966	45 (75)	95	1405 / 1360	53,0	52,4 / 0,6	0,54
SI 43	Silvretta (VIW) 1943	45	80	2030 / 1986	39,1	38,6 / 0,5	0,44
MA 52	Margaritze (TKW) 1952	44 (64)	112	2000 / 1980	3,7	3,2 / 0,5	0,032
GE 48	Gerlos (TKW) 1948	144 (195)	237 (20)	1190 / 1176	0,93	0,75 / 0,18	0,004
BT 51	Bächental (TIWAG) 1951	55 (63)	70	952 / 952	0,69	- / 0,69	0,010
WI 53	Wiederschwing (KELAG) 1953	153	115	676 / 663	1,50	1,15 / 0,35	0,013
BU 46	Bürg (Kaprun TKW) 1946	28	27	847 / 842	0,24	0,20 / 0,04	0,009

Tabelle 1

Der Analyse unterzogene Großspeicher und Kurzzeitspeicher

+) In Klammern: Einzugsgebiet einschließlich Beileitungen.

++) In Klammern: Durch Verschlüsse im Jahresmittel abgeführte Überwassermenge

Bez.	Gesamte Verlandungsmenge Jahr	V_s 1ooom3	$\frac{V_s}{V_o}$	Mittl. jährliche Anlandung D_a 1ooom3	d_a m3/km2	Flächenabtrag im E-gebiet mm p.a.
MO 56	1974	198	o.oo23	11	46o	o.5
WA 49	1974	82o	o.oo96	33	785	o.8
DU 66	1974	581	o.o11	73	98o	1.o
SI 43	1967	1134	o.o29	47	1o4o	1.o
MA 52	1974	871	o.235	44	1ooo	1.o
GE 48	1965[a)]	238	o.26	14	97	o.1[b)]
BT 51	1974	478	o.69	21	38o	o.4
WI 53	1973	186	o.o87	9	6o	o.o6[c)]
BU 46	1961[d)]	87	o.37	9	32o	o.3

Tabelle 2

Verlandung von Groß- und Kurzzeitspeichern

a) Größte gemessene Verlandung vor Feststoffrückhalt im Oberliegerspeicher DU 66

b) Nicht maßgeblich wegen regelmäßiger Spülung zu Zeiten von Überwasser

c) Nicht maßgeblich wegen Feststoffrückhalt in zwei natürlichen Seen im Einzugsgebiet

d) Größte gemessene Verlandung vor der ersten Spülung

Bei den Stauräumen GE 48 und WI 53 muß man sich mit der Kenntnisnahme der nachgewiesenen Anlandungsmenge begnügen. Folgerungen dürfen daraus nicht gezogen werden, da die in Tabelle 2 angegebenen Verhältnisse einer "regelmäßigen" Anlandung entgegenstehen.

(Abb. 1) zeigt den Verlandungsverlauf über die Betriebsdauer einiger Kurzzeitspeicher. Obwohl völlig verschiedenen Randbedingungen unterworfen, zeigen die Speicher GE 48 und MA 52 nahezu identische Ergebnisse. Beide sind im Verlauf von etwa 20 Jahren zu einem Viertel ihres ursprünglichen Inhaltes V_o verlandet. Das kleine Becken von BT 51

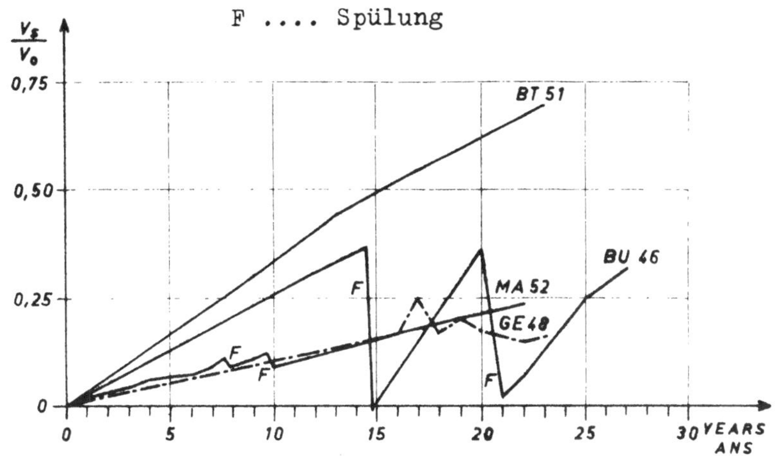

Abb. 1. Verlandungsfortschritt in Kurzzeitspeichern

hingegen hat bereits drei Viertel seines ursprünglichen Fassungsraumes verloren; das darf hingenommen werden, weil es sich um einen reinen Fassungsspeicher handelt, der nur den nötigen Einlaufwasserspiegel für die Überleitung zu einer benachbarten Anlage zu sichern hat. Auch der Speicher BU 46 der Eigenbedarfsanlage Kaprun wäre wohl heute schon fast zur Gänze verlandet, wenn nicht von Zeit zu Zeit durch Spülung der ursprüngliche Stauinhalt wieder hergestellt würde.

3. Verlandung von Fluß-Stauräumen

Flußstauräume unterliegen einer zunehmenden Verlandung in erheblichem Ausmaß, wobei vorerst gröberes Geschiebe an der Stauwurzel, dann immer feiner werdende Sande und schließlich Schluffe nahe des Stauwerkes absitzen. Die Anlandungen werden zumeist alljährlich oder alle zwei Jahre kontrolliert. Damit sind recht umfangreiche Unterlagen für die in Tabelle 3 verzeichneten Flußstauräume verfügbar.

Gewöhnlich werden die Meßdaten als Gesamtverlandung über die Zeit (bezogen auf Kalenderjahre) dargestellt. Im Falle des systematischen Ausbaues einer Kette von Staustufen vermag eine solche synoptische Darstellung wie sie (Abb. 2) für die Ennskette zeigt, sowohl den Verlandungsfortschritt in einzelnen Stauräumen wie auch die Zusammenhänge zwischen Oberliegern und Unterliegern recht anschaulich zu machen.

Vergleichsstudien für das Verhalten eines einzelnen Stauraumes jedoch müssen auf andere, brauchbarere Darstellungsarten greifen. Als solche

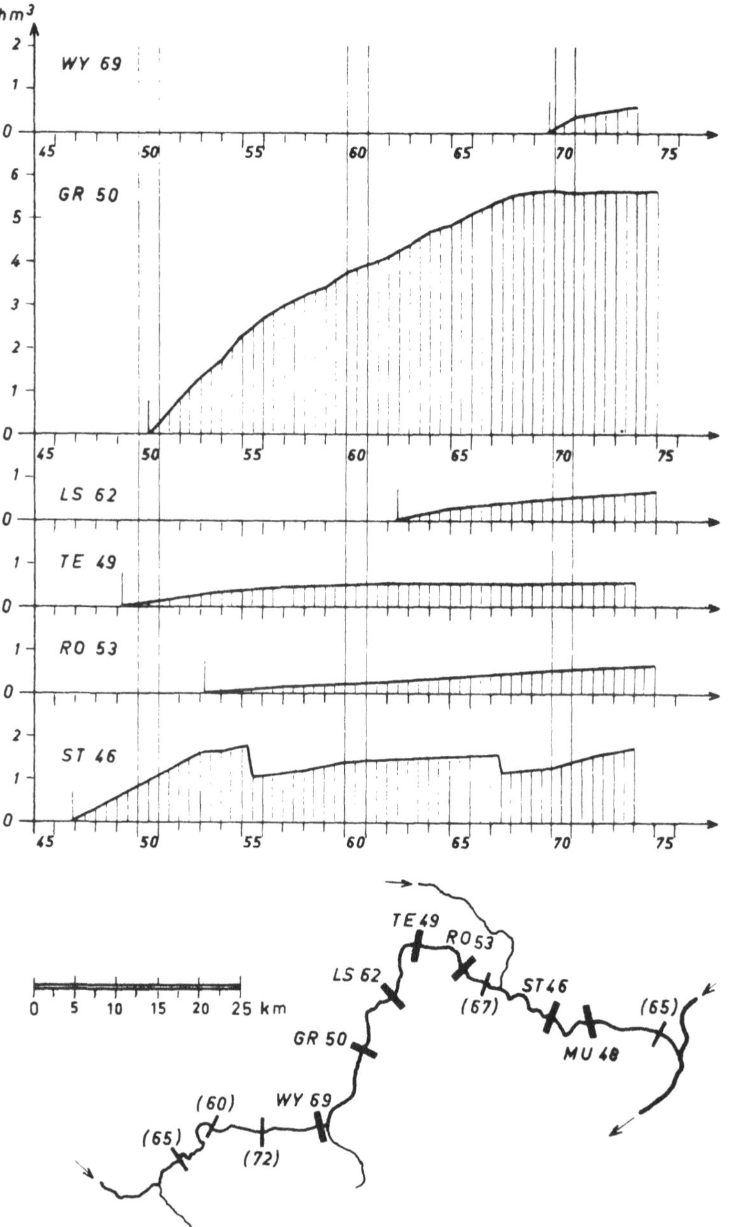

Abb. 2. Verlandungsbild der Enns-Stauräume

Bez.	Name	Fluß	Betrieb seit	Stauraummaße H m	L km	V_o hm3	$\int Q$ hm3	$\frac{1000\ V_o}{\int Q}$
FZ 67	Feistritz	Drau	7/1967	24	18	5o	7o5o	7.1
ED 62	Edling	"	1o/1962	22	24	83	81oo	1o.3
SW 42	Schwabeck	"	1o/1942	21	16	25.7	81oo	3.2
LV 44	Lavamünd	"	7/1944	9	6	5.o	81oo	o.62
WY 69	Weyer	Enns	9/1969	17	8	5.4	485o	1.1
GR 5o	Grossraming	"	6/195o	24	13	12.4	515o	2.4
LS 62	Losenstein	"	6/1962	16	8	6.5	535o	1.2
TE 49	Ternberg	"	3/1949	16	8	5.2	54oo	1.o
RO 53	Rosenau	"	3/1953	13	7	5.8	54oo	1.1
ST 46	Staning	"	11/1946	14	11	11.9	68oo	1.8
MU 48	Mühlrading	"	12/1948	8	7	4.7	68oo	o.69
SZ 58	Schwarzach	Salzach	11/1958	5	2	o.29	185o	o.16
UR 71	Urstein	"	4/1971	9	5	2.5	55oo	o.46
RU 56	Runserau	Inn	7/1956	9	4	1.o	255o	o.39
KI 41	Kirchbichl	"	1941	5	6	3.5	88oo	o.4o
BR 53	Braunau	"	1o/1953	12	14	27.o	22ooo	1.2
ER 42	Ering	"	1942	1o	13	36.7	226oo	1.6
OB 44	Obernberg	"	1944	1o	13	36.4	228oo	1.6
JO 55	Jochenstein	Donau	4/1955	9	27	5o	45ooo	1.1

Tabelle 3

Der Analyse unterzogene Fluß-Stauräume

behandelt der vorliegende Bericht:

1) Darstellung des Verlandungsfortschrittes V_s in absoluten Werten bezogen auf die Zahl der Betriebsjahre;
2) Darstellung des Verlandungsgrades in Prozent des ursprünglichen Stauinhaltes $V_s : V_o$ wieder bezogen auf die Zahl der Betriebsjahre;
3) Relativer jährlicher Anlandungsgrad $D_a : V_o$ für die ersten Betriebsjahre bezogen auf die hydrologische Speichergröße $V_o : Q$; und
4) Beziehung zwischen Anlandungsmengen und Wasserführung.

Zu 3.1: Vier Stauräume der Draukette mit Betriebszeiten zwischen 8 und 32 Jahren geben die Grundlage für die erstgenannte Darstellungsweise in (Abb. 3). Die Stauräume ED 62 und SW 42 unterliegen dem gleichen Feststoffregime im Fluß, und doch sind die zum Absitzen kommenden Mengen stark verschieden, offensichtlich in Funktion der jeweiligen Stauinhalte. Nach den ersten fünf Betriebsjahren, in denen keinerlei Beeinflussung durch Oberlieger vorlag, hat die Anlandung in ED 62 mit dem Stauinhalt $V_o = 83$ hm^3 etwa 12 hm^3 erreicht gegen nur 7 hm^3 in SW 42 mit seinem kleineren Stauraum von 26 hm^3. Andererseits verläuft die anfängliche Verlandung in FZ 67 genau gleich wie in SW 42, obwohl der Stauraum von FZ 67 etwa doppelt so groß ist; dies ist offensichtlich im Hinzukommen der feststoffreichen rechtsufrigen Zubringer zwischen FZ 67 und SW 42 begründet.

Das vollkommen andere Verhalten des Stauraumes LV 44 ist sowohl seinem geringen Inhalt als auch insbesondere der Tatsache zuzuschreiben, daß er im Schatten des Oberliegers SW 42 liegt. Über die gegenseitige Beeinflussung dieser beiden Stauräume während eines Spülversuches aus dem Stauraum SW 42 im Jahre 1960 wird später in Abschnitt C noch berichtet.

Zu 3.2: Die oben erwähnte Abhängigkeit der Anlandungsmengen von der Stauraumgröße V_o müßte auszuschalten sein, wenn man die Verlandung V_s nicht in absoluten Größen sondern als Relativwert zum ursprünglichen Stauinhalt, also als $V_s : V_o$ darstellt. Dann werden offenbar auch die Ergebnisse von Stauräumen an verschiedenen Flüssen besser miteinander vergleichbar. Einen diesbezüglichen Versuch zeigt (Abb. 4). Trotz breiter Streuung der Linien für neun Stauräume an vier Wasserläufen lassen sich aus diesem Bild einige lehrreiche Ähnlichkeiten herauslesen. Überall flaut der anfänglich starke Verlandungsfortschritt nach 6 - 10 Jahren bereits merklich ab. Nach etwa 12 - 20

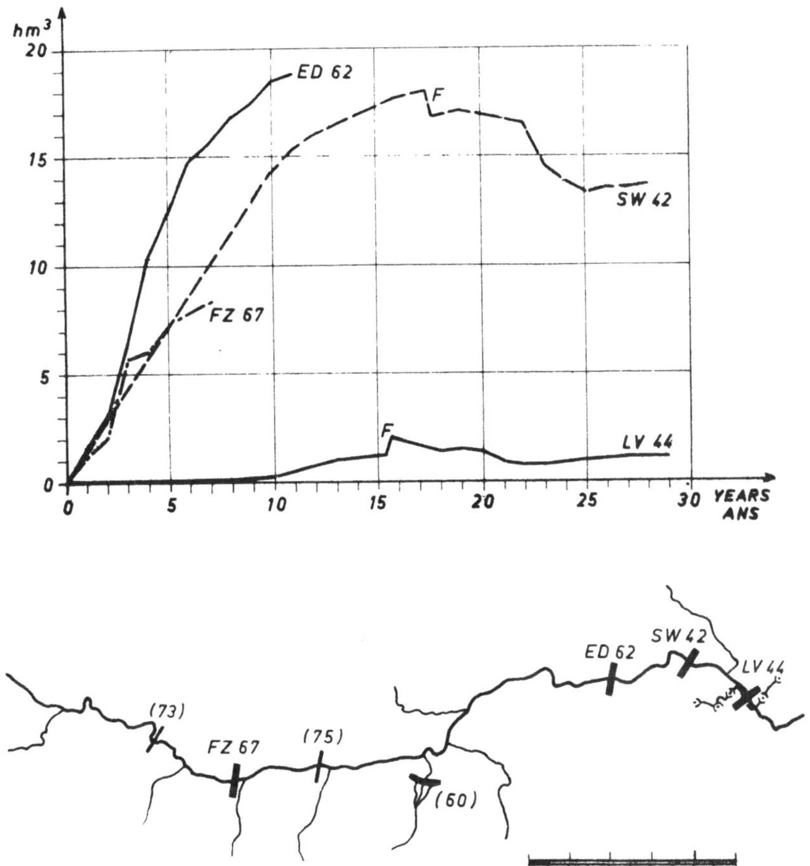

Abb. 3. Verlandungsfortschritt in den Drau-Stauräumen

Betriebsjahren bildet sich ein neuer Gleichgewichtszustand aus, in dem weitere Anlandungen unterbleiben. Das neue Gleichgewicht ist desto früher erreicht, je kräftiger die Verlandung angestiegen ist, es pendelt sich dann ein, wenn die Verlandung ein Ausmaß von etwa 50 - 60 % des ursprünglichen Stauvolumens erreicht hat.

Auffällige Unregelmäßigkeiten im Verlauf einzelner Schaulinien finden im Bestand oder Hinzukommen von Oberliegerstufen, in Spülvorgängen oder in größeren Hochwässern eine plausible Erklärung.

Die Stauräume der Donau, stellvertretend dargestellt durch JO 55, fallen allerdings völlig aus dem Rahmen: Sie sind selbst nach 10 und mehr Betriebsjahren nur zu 2 - 6 % verlandet. Hiezu wird unten in Kapitel D noch Stellung genommen.

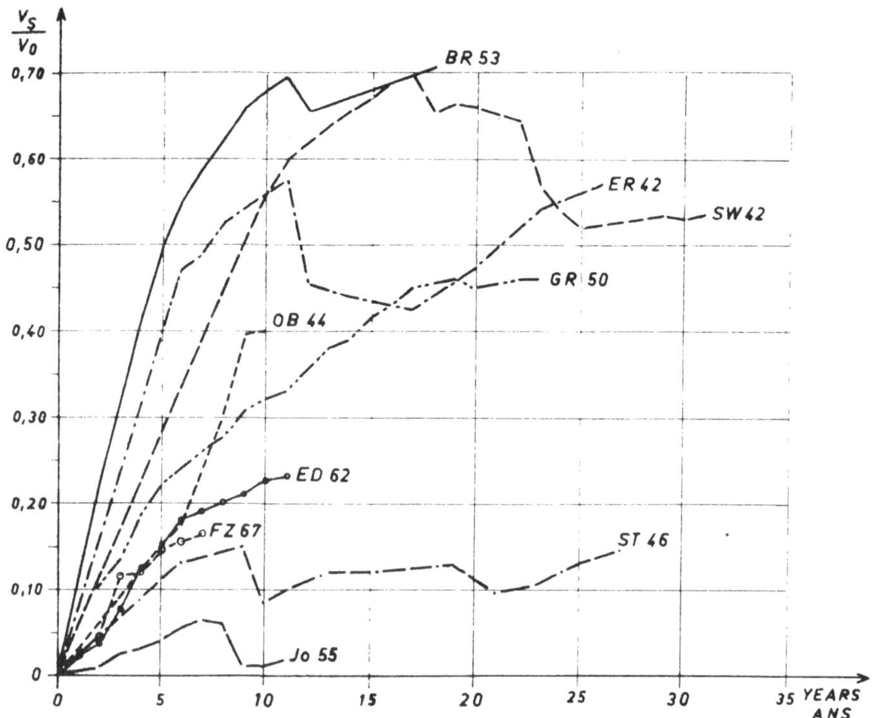

Abb. 4. Verlandungsprozesse in Fluß-Stauräumen

Zur Vorhersage der Verlandungstendenz eines neuen Stauraumes an irgendeinem noch nicht beobachteten Fluß ermutigt freilich die breite Streuung der Resultate noch immer nicht.

Zu 3.3: In einem nächsten Schritt wurde versucht, sich von der Zeit unabhängig zu machen und den Verlandungsfortschritt auf die sogenannte hydrologische Speichergröße V_O : Q zu beziehen, also auf den im Speicher auffangbaren Anteil der Jahreswasserfracht. Nachdem schon früher erkannt wurde, daß die jährliche Anlandung in jedem beliebigen Speicher in den ersten 6 - 10 Jahren ziemlich gleichmäßig verläuft, bietet sich als zweiter Parameter die auf den Stauinhalt bezogene jährliche Anlandung an. Die entsprechenden Werte für zehn Stauräume und fünf Kleinspeicher sind auf Tabelle 4 verzeichnet. (Abb. 5) zeigt eine überraschend gute Korrelation in fast allen untersuchten Fällen. Aus der Reihe liegen nur die Punkte für ST 46, GE 48 ind WI 53; in allen drei Fällen gibt es triftige Ursachen, nämlich Geschieberückhalte im Oberlauf oder regelmäßige Spülungen, die verhindern, daß vergleichsfähige Feststoffmengen im Stauraum zum Absatz kommen. Tatsächlich deuten diese Punkte auf einen

Bez.	Jährl. Ablagerung D_a*) 1000m3	V_o 1000m3	$\frac{D_a}{V_o}$	$\frac{1000\ V_o}{Q}$
FZ 67	1200	50 000	0.024	7.1
ED 62	2580	83 000	0.031	10.3
SW 42	1440	25 700	0.056	3.2
GR 50	455	12 400	0.037	2.4
ST 46	240	11 900	0.020	1.8
SZ 58	127	286	0.445	0.16
UR 71	300	2 500	0.120	0.46
BR 53	2700	27 000	0.100	1.2
ER 42	2800	36 700	0.076	1.6
OB 44	2600	36 400	0.071	1.6
MA 52	44	3700	0.012	32
GE 48	14	930	0.015	4
BT 51	21	690	0.030	10
WI 53	9	1500	0.006	13
BU 46	9	240	0.037	9

Tabelle 4

Jährliche Ablagerungen und Stauinhalte

+) Maßgebliche Werte während der ersten Betriebsjahre

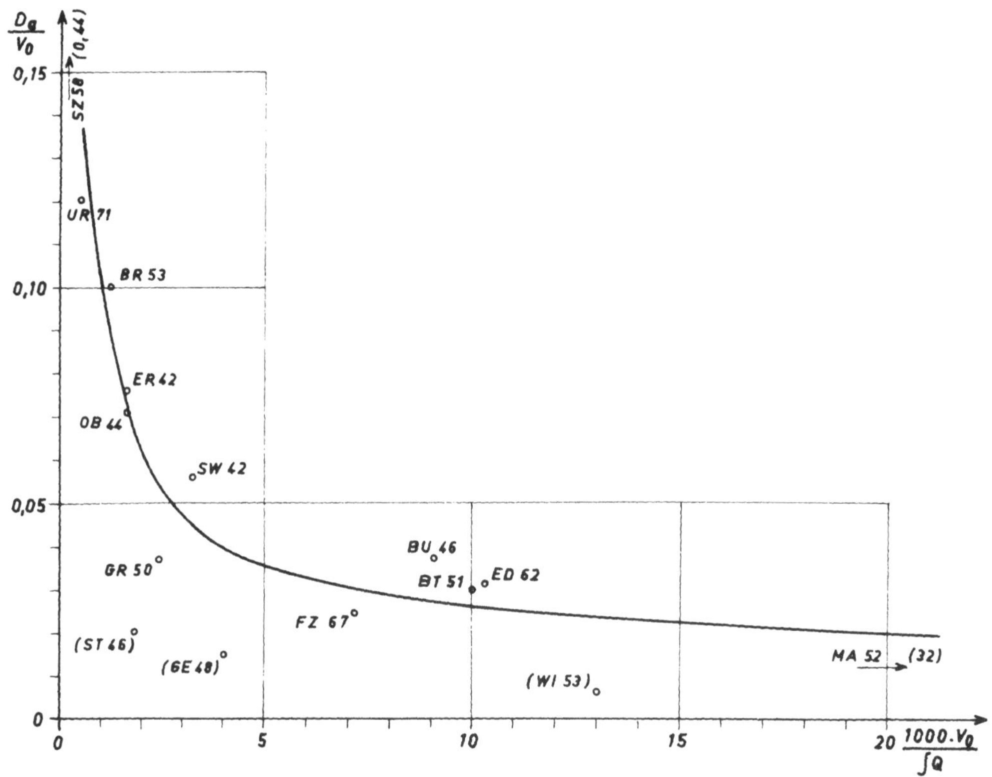

Abb. 5. Anlandungen als Funktion des Speicher-Rückhaltevermögens

unternormalen Anlandungsvorgang hin. Alle anderen Punkte liegen recht genau im Bereich einer Ausgleichskurve, die abzuschätzen erlaubt, wie groß ungefähr die anfänglichen Anlandungen in einem neuen Stauraum zu erwarten sind, soferne man nur den Speicherinhalt V_o und die Jahreswasserfracht Q festgestellt hat. Im Einzelfall liegt die Abweichung dann in einem Bereich von $\pm$ 25 %.

Zu 3.4: Der Versuch, eine Beziehung zwischen Anlandungsfortschritt und Wasserführung herzustellen, brachte kein brauchbares Ergebnis. Nur im Fall GR 50 konnte man noch glauben, gewissen Gesetzmäßigkeiten auf der Spur zu sein, wie aus (Abb. 6) hervorgeht. Die erforderliche Zusatzfunktion des bereits erreichten Verlandungsgrades $V_s : V_o$ läßt sich schon nur mit einiger Willkür einbauen. Gleichartige Versuche für andere Stauräume haben nur unregelmäßige Punkthaufen ohne jeden Aussagewert ergeben.

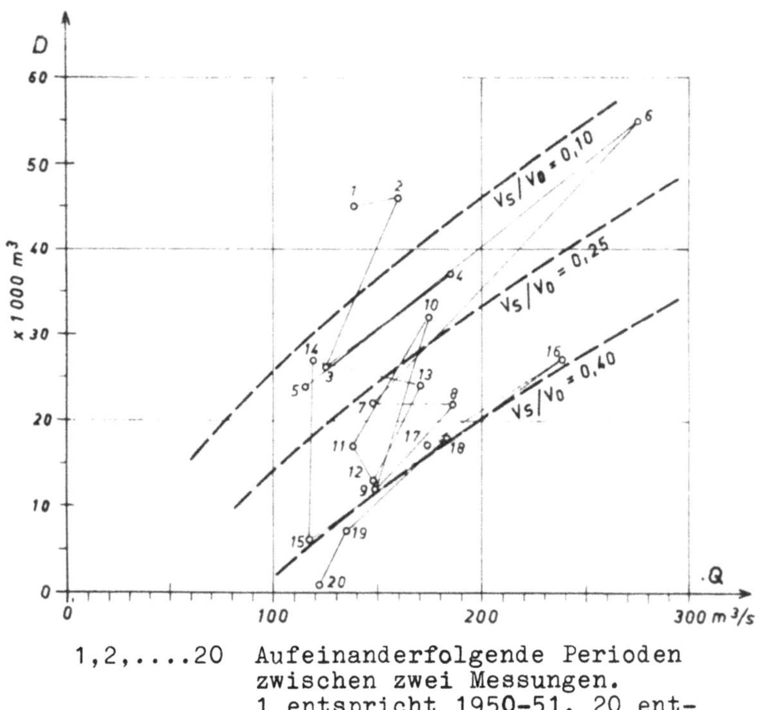

1,2,....20 Aufeinanderfolgende Perioden zwischen zwei Messungen. 1 entspricht 1950-51, 20 entspricht 1968-69.

Abb. 6. Beziehung zwischen Anlandung und Wasserführung, Stauraum GR 50

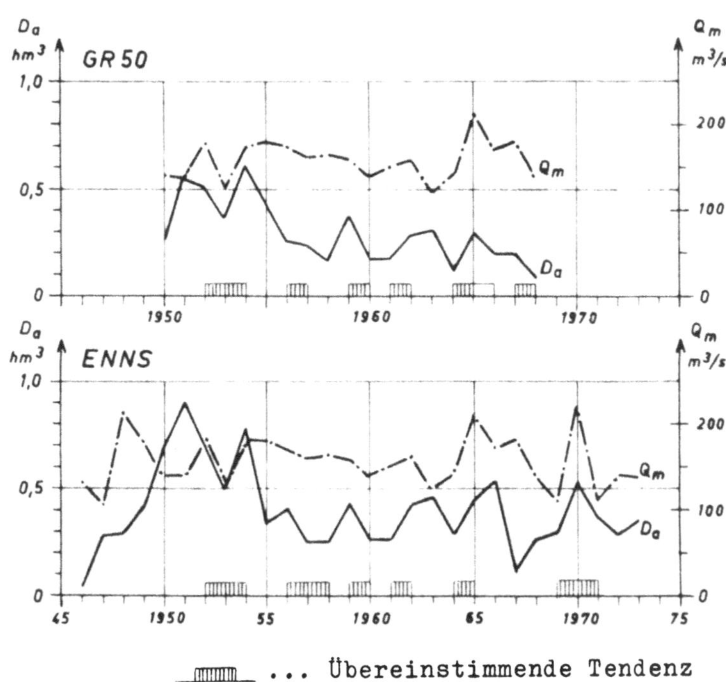

... Übereinstimmende Tendenz von D_a und Q_m

Abb. 7. Ganglinien für Wasserführung Q_m und Anlandung D_a in Enns-Stauräumen

(Abb. 7) bestätigt nur unvollkommen die triviale Vermutung, daß ein wasserreiches Jahr auch mehr Feststoffe transportiert und daher zum Absitzen bringt, solange nicht durch höhere Hochwässer eine Umkehr eintritt und ältere Verlandungen wieder ausgespült werden. Wenn man diese Darstellung auf den Einzelfall GR 50 oder auf die Summe aller Anlandungen in den Stauräumen der Enns anwendet, so zeigt sich eine parallele Tendenz in den Ganglinien für D_a und Q_m nur in 8 von 18 bzw. 9 von 27 Jahren, also mit 33 - 44 % Wahrscheinlichkeit. Noch weniger befriedigende Resultate ergaben sich für Stauräume an anderen Flüssen. Dieses Phänomen bedarf wohl noch eines genaueren Studiums unter Anwendung komplizierterer Funktionsgleichungen.

4. Stauraumspülungen

Um einen reibungslosen Kraftwerksbetrieb sicherzustellen und die zulässigen Wasserspiegel im Staubereich einzuhalten, müssen viele Kleinspeicher und Flußstauräume regelmäßig gespült werden. Dies geschieht zumeist durch Öffnen der Verschlüsse zur Zeit von Überwasser, damit kein Betriebswasser verloren geht. Manchmal wird allerdings darüber hinaus auch eine Sonderspülung mit abgesenktem Stau nötig werden. Eine ausreichende Spülwirkung wird diesfalls nur dann erzielt, wenn die Wasserführung höher ist als etwa das Dreifache des Jahresmittelwassers. Je höher ein zur Spülung benutztes Hochwasser ist, desto mehr Anlandungen werden ausgespült werden.

Tabelle 5 und (Abb. 8) geben Anhaltspunkte, wie sich solche Spülungen in einigen Stauräumen auswirken. Die Verlandung wird gewöhnlich in den Grenzen 15 - 40 % des ursprünglichen Stauinhaltes gehalten.
Wenn die Sohle die vorgegebene obere Grenzlage erreicht hat, muß eine Spülung eingeleitet werden. (Abb. 9) zeigt Beispiele, wie sich eine kurze bzw. mittlere Spüldauer auf die Wasserspiegellage im Stauraum auswirkt.
Eine überraschende Erscheinung ist im Stauraum UR 71 zutage getreten. Von dieser Mehrzweckanlage für Wasserkraftnutzung und Flußbettstabilisierung erwartet man sich eine Umkehr der übermäßigen Eintiefung, die sich infolge der Flußregulierung vor vielen Jahrzehnten eingestellt hat. Im wehrnahen Bereich ist dieses Ziel auch mit Erfolg erreicht worden, an der Stauwurzel aber hat sich in den ersten Betriebsjahren ein tiefer Canon ausgebildet. Diese Erscheinung wird noch studiert, da man eine längere Beobachtungsreihe braucht, um das abnormale Verhalten richtig deuten zu können.

Bez.	V_o 1ooom3	Verlandungsgrenzen $V_{s\ max}$	 $V_{s\ min}$ 1ooom3	$\frac{V_{s\ max}}{V_o}$	$\frac{V_{s\ min}}{V_o}$
SZ 58	29o	18o	4o	o,63	o,14
UR 71	25oo	97o	32o	o,39	o,13
RU 56	1ooo	4oo	1oo	o,4o	o,1o
KI 41	35oo	12oo	8oo	o,34	o,23
GE 48	93o	23o	14o	o,25	o,15

Tabelle 5

Verlandung in regelmäßig gespülten Stauräumen

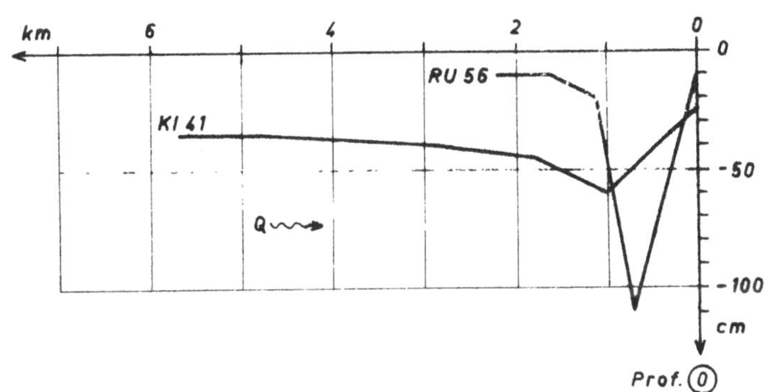

RU 56 ... Spülung 22.-24.Juni 1963
KI 41 ... Spülung 25.Juni - 7.Juli 1967

Abb. 9. Auswirkung einzelner Spülungen auf die Wasserspiegellage im Stauraum

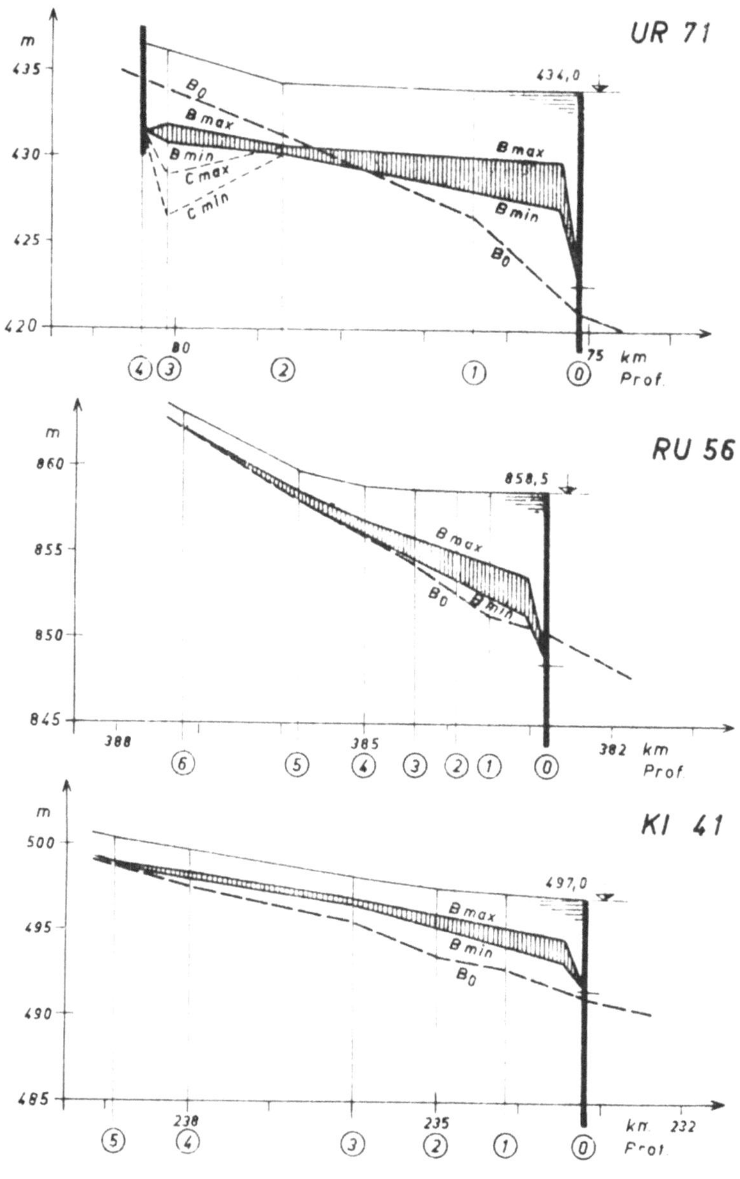

B_o ....Ausgangssohle vor Einstau

B_{max}, B_{min} ..Durch Spülung eingehaltene Schlgrenzlagen

Abb. 8. Sohllagen in regelmäßig gespülten Stauräumen

Mit einem Inhalt von nur 286000 m^3 hat der Stauraum SZ 58 das geringste relative Rückhaltevermögen unter allen untersuchten Becken. Er ist demnach auch einem besonders ausgeprägten Spiel von Anlandung und Ausräumung unterworfen. Das Überwasser macht rund 15 % der jährlichen Wasserfracht aus und ist in der Lage, fast die ganze jeweils vorher bei kleineren Zuflüssen abgesetzte Feststofffracht wieder abzutragen. Häufige Nachmessungen über die Betriebszeit von 16 Jahren ergeben eine mittlere jährliche Anlandungsmenge von 127000 m^3; der Stauraum wäre also in 2 Jahren fast vollständig verlandet, würde nicht die Spülung mit Überwasser durchschnittlich 120000 m^3 jährlich wieder abbauen und somit nur 7000 m^3 als bleibende Anlandung übrig lassen. (Abb. 10) bringt eine vereinfachte Ganglinie des Verlandungsverlaufes, die im wesentlichen nur die höchsten und geringsten Verlandungsstände in jedem Jahr zeigt, die in den oben genannten Zahlen enthaltenen übergeordneten Nebenschwingungen aber vernachlässigt.

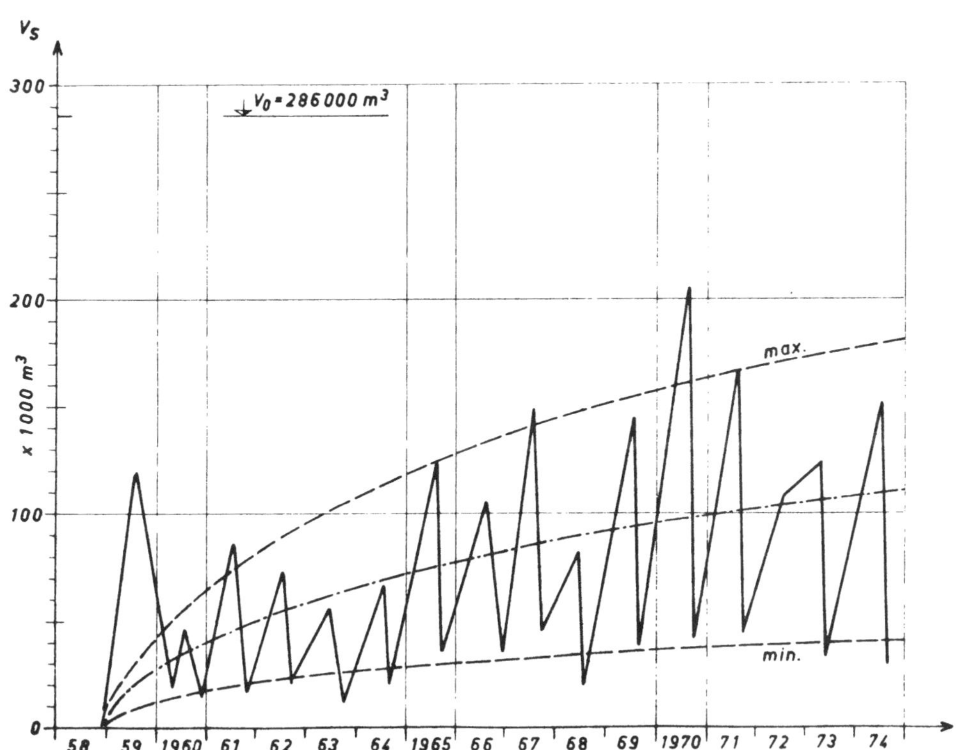

Abb. 10. Spülerfolg im Stauraum SZ 58

Nur fallweise wurden Spülungen in den Stauräumen SW 43, GR 50, ST 46 und MA 52 vorgenommen, zumeist infolge einer aus irgendwelchen Gründen durchgeführten teilweisen oder gänzlichen Stauabsenkung. Solche fallweisen Spülungen sind ohne nachhaltige Wirkung auf den Verlandungsfortschritt und können ihn meist nicht einmal hinauszögern. In der Kraftwerkskette wird dabei der Großteil des ausgespülten Materials im Stauraum des Unterliegers abgesetzt und von dort nur nach und nach, wenn überhaupt, im Laufe einiger Jahre wieder abgetragen. Beispiele für diese Wechselwirkung sind in (Abb. 11) für die Stauraumpaare ST 46 - MU 48 an der Enns und SW 42 - LV 44 an der Drau gegeben. Die zuletzt genannten Stauräume sind seit 1962 durch das Oberliegerwerk ED 62, und insbesondere durch mehrere Hochwässer in den Jahren 1965-66 stark gestört, indem ein gewisser Anteil der vorherigen Ablagerungen wieder erodiert wurde. Das Drau-Beispiel in (Abb. 11) läßt deshalb das schöne "Regelverhalten" des Enns-Beispieles vermissen. Zahlenwerte hiezu bringt Tab. 6.

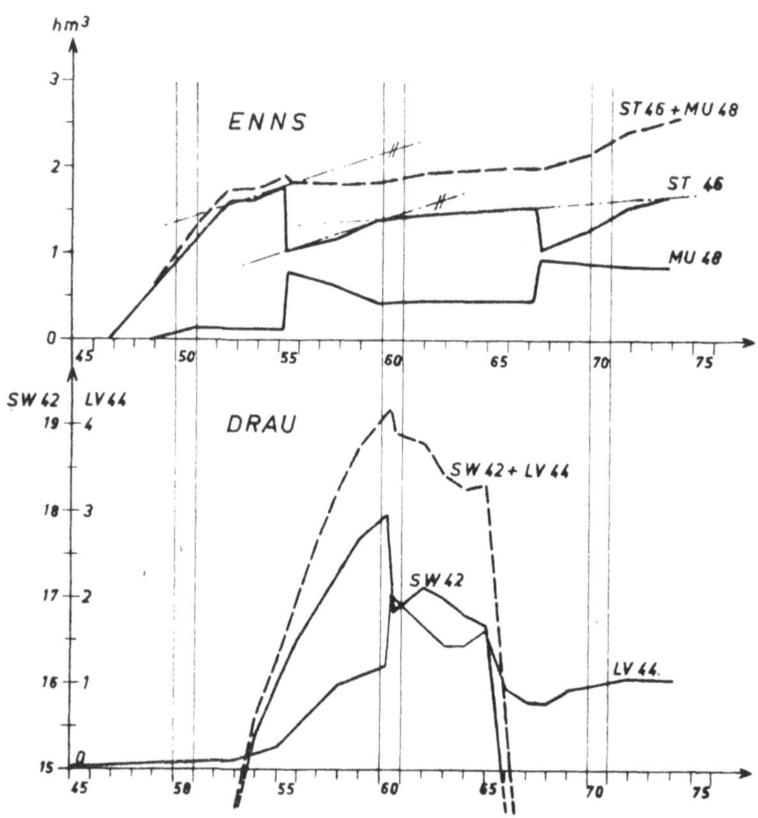

Abb. 11. Auswirkung von Einzelspülungen auf den Unterlieger

Stauräume	Jahr	$\frac{Q}{Q_m}$ *)	Oberlieger Abtrag 1000m3	Unterlieger Ablagerung 1000m3	Unterlieger Wieder-abtrag 1000m3
ST 46 - MU 48	1955	3.6	- 762	+ 672	- 341
ST 46 - MU 48	1967	5.1	- 405	+ 459	- 52
SW 42 - LV 44	1955	2.4	keine brauchbaren Werte		
SW 42 - LV 44	1960	3.3	- 950	+ 750	- 450

Tabelle 6

Massenverlagerung bei Stauraumspülungen

+) Durchfluß während der Spülung dividiert durch Jahresmittel der Wasserführung

Drei Spülversuche im Stauraum GR 50 in den Jahren 1953, 1955 und 1970 haben jeweils keine Änderung der Gesamtverlandung, sondern nur Umlagerungen innerhalb des Stauraumes bewirkt. 1970 wurden rund 120000 m^3 von der Stauwurzel in tiefere Stauraumabschnitte weitergefördert und damit kritische Wasserstände oberhalb entschärft. Eine ähnliche Wirkung wird im Stauraum ED 62 durch jährliche Baggerung von ungefähr 250000 m^3 erzielt; das Baggergut wird in wasserüberdeckte Leitdämme verkippt, wodurch die Anlandung von wenig überstauten Seitenflächen gefördert, die alte Flußrinne aber abfuhrtüchtig erhalten wird.

5. Weitere Untersuchungen

Dieser Bericht beschränkt sich auf einen eher pragmatischen Versuch, Meßergebnisse über Stauraumverlandung zu deuten, ohne auf wissenschaftliche oder theoretische Methoden einzugehen, die vielfach von Instituten, Universitäten oder Forschungsanstalten entwickelt worden sind. Dennoch erscheint es notwendig, kurz auf solche Untersuchungen einzugehen, die von einigen Kraftwerksgesellschaften in Hinblick auf die jeweiligen Sonderprobleme durchgeführt wurden.
Aus den Ergebnissen im Stauraum ER 42 und in anderen Stauräumen am bayerischen Inn wurde ein Verfahren für die Vorausberechnung des neuen

Verlandungszustandes in zukünftigen Innstauräumen abgeleitet. Die Grenzschleppkraft für den Weitertransport von Feststoffen gemäß der Formel von Kreuter wurde zu 0,3 kp/m^2 abgeleitet für eine bettbildende Wasserführung, die etwa dem doppelten Mittelwasser entspricht. Für das Ausräumen bereits abgelagerter Feststoffe wurde die Grenzschleppkraft zu 0,5 kp/m^2 rückgerechnet. Damit war es möglich, jene Anlandungssohle voraus zu berechnen, bei der alle Feststoffe außer dem Grobgeschiebe wieder durch den Stauraum hindurch befördert werden, ohne daß sich Sand und Schlick absetzen. Die Staukurven wurden für diese Anlandungssohle berechnet, womit Risken für ein Überströmen der Rückstaudämme auf ein Minimum reduziert werden konnten. Für den Stauraum BR 53 haben die Ergebnisse so weit befriedigt, daß das Verfahren auch für die Vorausberechnung der Anlandungssohle in Stauräumen anderer Flüsse, z.B. ED 62 und FZ 67 angewandt wurde.

Aus Beobachtungen an den Stauräumen BR 53, ER 42, JO 55 und von Ybbs-Persenbeug an der Donau erkannte man bei Mittelwasser 0,5 m/s als Grenzgeschwindigkeit für das Absetzen von Feststoffen, wie sie für Inn und Donau typisch sind. Steigt die Fließgeschwindigkeit über 0,5 m/s an, tritt keine weitere Anlandung auf. In den Innstauräumen wurde dieser Zustand erst nach Verlandung von 60 - 70 % des ursprünglichen Stauinhaltes erreicht. An der Donau hingegen ist bei Mittelwasser schon unmittelbar nach Einstau die Grenzgeschwindigkeit überschritten und es kommt zu keinen merkbaren Ablagerungen. In JO 55 beispielsweise liegen die freien Durchflußflächen im wehrnahen Bereich bei nur 25oo - 35oo m^2, gewährleisten also bei Mittelwasser 142o m^3/s Fließgeschwindigkeiten von 0,6 - 0,4 m/s.

Diesbezügliche Untersuchungen wären auch an anderen Flüssen wünschenswert, um eine etwaige Streuung der Grenzwerte und deren Ursachen zu erkennen.

Obwohl sie nicht unmittelbar mit der Stauraumverlandung zusammenhängen, seien doch auch Meßergebnisse erwähnt, die in den Entsandern kleinerer Wasserfassungen erzielt wurden. Es konnte nachgewiesen werden, daß Wasserableitungen durchaus keine schwerwiegenden Auswirkungen auf den Geschiebehaushalt des Entnahmegebietes haben. In einzelnen Jahren streuen die Meßergebnisse für 10 verschiedene Entsander wohl recht stark mit Werten zwischen 2 und 2oo m^3 je km^2 und Jahr. Die langjährigen Mittelwerte dieser sowie anderer Meßstellen schwanken aber nur in den engen Grenzen von $\pm$ 25 % um einen Zentralwert von rund 4o m^3/km^2. Diesbezügliche Berichte wurden dem INTERPRAEVENT-Symposium in Innsbruck (Oktober 1975) vorgelegt. Ihre gemeinsame

Schlußfolgerung ist, daß die Auswirkung von Wasserausleitungen auf den Geschiebehaushalt zumeist stark überschätzt werde und daß die von der Behörde vorsichtshalber vorgeschriebenen kostspieligen Vorbeugemaßnahmen wie Geschiebesperren oder Bachregulierungen wirtschaftlich kaum gerechtfertigt seien. Auch außergewöhnliche Murgänge mit 1oooo m^3/km^2 und mehr würden in diesen dünn besiedelten und kaum kultivierten Gebieten keine fühlbaren Schäden verursachen und ihre Folgen könnten durch Einsatz von Planierraupen oder Schrapern leicht und billig behoben werden.

Auf den Gebieten der Beobachtung und Beurteilung von Stauraumverlandungen ist schon viel geschehen, manches aber vielleicht mit einer zu begrenzten Zielsetzung und mit zu wenig auf Allgemeingültigkeit abgestellten Methoden. Eine engere Zusammenarbeit zwischen den Staubeckenbeobachtern an verschiedenen Flüssen und in verschiedenen Ländern wie auch ein enges Zusammenwirken von Theorie und Praxis wären nützlich, um die Erkenntnis einschlägiger Probleme und ihrer Behandlungsweise zu erweitern.

6. Zusammenfassung

Meßergebnisse über Stauraumverlandung werden analysiert, um übereinstimmende Merkmale zu entdecken, die auf Staubecken unter verschiedenartigen äußeren Bedingungen anwendbar sind und deshalb auch eine Vorhersage über den Verlandungsverlauf in einem neuen Staubecken erlauben könnten. Einige theoretisch als "offenkundig" zu erwartende Beziehungen haben dabei zu keinerlei brauchbarem Ergebnis geführt. Immerhin konnten aber einige einfache Kenngrößen für ein Regelverhalten von Stauräumen aufgespürt werden.

Der Bericht beansprucht noch keineswegs Allgemeingültigkeit; hiezu müßten seine vorläufigen Erkenntnisse erst durch intensivere Untersuchungen unter vielfältigen Randbedingungen bestätigt werden. Er zielt eher auf die Anregung zu einem gründlicheren Befassen mit der Stauraumverlandung als auf die Bereitstellung allgemein anwendbarer Lösungen oder Abhilfen ab. Weitere Untersuchungen sollten über den Rahmen des rein örtlich vorliegenden Interesses hinausgehen und die Erarbeitung allgemein gültiger Zusammenhänge und Grundregeln im Auge haben. In diesem Sinne sei der Bericht als Anstoß zu kritischer Diskussion am Talsperrenkongreß aufgefaßt.

SAMMELBERICHT DES ÖSTERREICHISCHEN NATIONALKOMITEES

DER STAUDAMMBAU IN ÖSTERREICH

Dipl.Ing.Dr.techn.H.Kießling, Ing.K.Rienößl,
Prof.Dipl.Ing.Dr.techn.W.Schober

1. Allgemeines

Die in Österreich bisher errichteten 39 Staudämme werden ausnahmslos für die Erzeugung von elektrischer Energie aus Wasserkraft genutzt. Sie sind in (Abb.1) eingetragen, wobei das Dammvolumen als Kreisfläche und die Dammhöhe als aufgesetzter Balken dargestellt ist. Während die 29 Dämme der im gebirgigen, westlichen Landesteil gelegenen Hochdruck-Speicherkraftwerke auch große Höhen bis zu 153 m erreichen, besitzen die Begleitdämme der Stauräume für die Flußkraftwerke an der Donau, am Inn und an der Drau wohl bis zu 7,3 Mio m3 große Schüttmassen, weisen jedoch nur kleine Höhen auf.

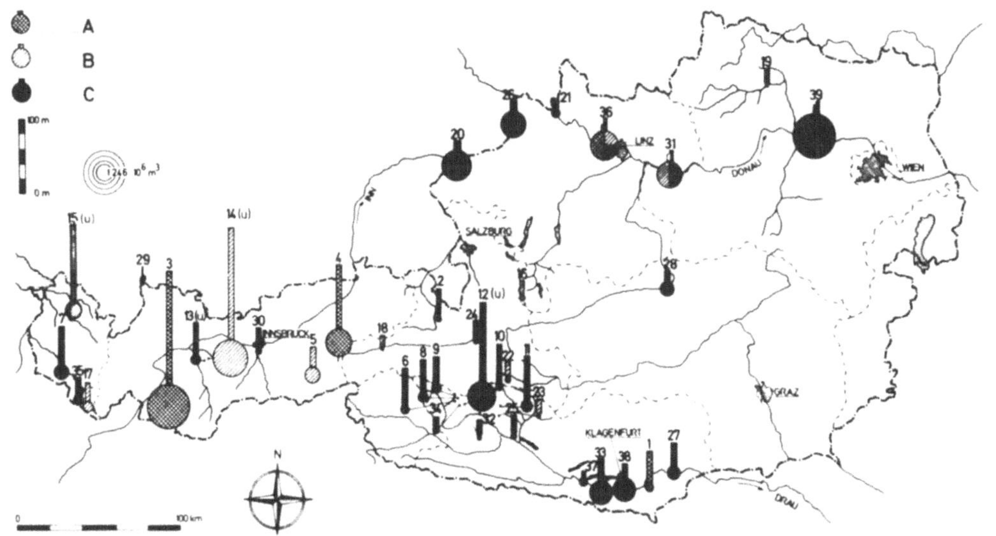

Abb.1. Geographische Lage der österreichischen Staudämme

A ... Dämme mit Erdkerndichtung
B ... Dämme mit membranartiger Innendichtung
C ... Dämme mit membranartiger Oberflächendichtung

Dämme Nr. 1 - 15 : Tabelle 1 a; Nr.16 - 39 : Tabelle 1 b;
(u) .. im Bauzustand

In der Tabelle 1a sind die Hauptdaten der 15 Dämme über 3o m Höhe, in Tabelle 1b die der 24 unter 3o m zusammengestellt. Ihre geographische Lage kann mit den Ordnungsnummern der (Abb.1) entnommen werden. In Österreich kommen nur drei Dammtypen vor: es sind dies, bezogen auf das Dichtungselement:

Typ A: Dämme mit Erdkerndichtung

Typ B: Dämme mit membranartiger Innendichtung aus Asphaltbeton

Typ C: Dämme mit membranartiger Oberflächendichtung aus Asphaltbeton.

Der moderne Dammbau setzte in Österreich erst mit dem 196o fertiggestellten Freibachdamm (Nr.1) ein. Bis zu dieser Zeit waren Geologie und auch andere Voraussetzungen für Betonsperren so günstig, daß kein unmittelbarer Anlaß zur Einführung einer anderen Talsperrenbauweise bestand. Derzeit jedoch treten häufig Staudämme mit Betonsperren in wirtschaftliche Konkurrenz, auch dann, wenn die geologischen und morphologischen Bedingungen für die Errichtung der letzteren gegeben wären.

Der Tabelle 1a ist weiters zu entnehmen, daß 9 der 15 Dämme dem Typ C angehören. Diese offensichtliche Bevorzugung beschränkt sich allerdings auf Dichtungshöhen bis 6o m. Für die Wahl dieses Typs C waren im allgemeinen folgende technische Gesichtspunkte maßgebend:

- Einfache Herstellung des Dammkörpers, unabhängig von der Dichtung
- Große Standsicherheit gegen Staudruckbelastung
- Kein Einfluß rascher Stauabsenkungen
- Leichte Kontrolle und Reparatur der Dichtung
- Einfache Erhöhungsmöglichkeit

Die Wahl der Typen A und B hingegen ist weitgehend von der Örtlichkeit bestimmt. Um einen größeren Querschnitt des österreichischen Dammbaues zu vermitteln, werden nachstehend je 2 wesentliche Vertreter der Typen A, B und C näher beschrieben.

Das Schrifttum über die beschriebenen Staudämme ist im Literaturverzeichnis am Schluß des Berichtes zusammengestellt.

Nr.	Name	Typ[1)]	Fertigstellungsjahr	H_{max} [2)] (m)	H_{Do} [3)] (m)	H_{Du} [4)] (m)	V[5)] ($1e^3 m3$)	Bauherr
1	Freibach	A	1960	41	41		235	KELAG
2	Diesbach	C	1963	36	30		165	SAFE
3	Gepatsch	A	1964	153	153		7100	TIWAG
4	Durlaßboden	A	1966	85	85	60	2500	TKW
5	Eberlaste	B	1968	28	28	53	790	TKW
6	Wurten	C	1971	50	32	15	209	KELAG
7	Latschau II	C	1972	50	18,3		900	VIW
8	Hochwurten	C	1974	43	38,3	16	335	KELAG
9	Großsee	C	1974	34	33		330	KELAG
10	Galgenbichl	C	1974	53	44		150	ÖDK
11	Gößkar	C	1975	57	45		470	ÖDK
12	Oscheniksee	C	in Bau	106	60		2300	KELAG
13	Längental	C	in Bau	42	32	12	350	TIWAG
14	Finstertal	B	in Bau	149	98		4390	TIWAG
15	Bolgenach	A	in Bau	102	95		1200	VKW

Tabelle 1 a : Hauptdaten der Dämme über 3o m Höhe

(1) .. A : Erdkerndichtung
B : Kerndichtung aus bituminöser Mischung
C : Oberflächendichtung aus bituminöser Mischung
(2) .. maximale Dammhöhe
(3) .. Dichtungshöhe im Damm
(4) .. Dichtungshöhe im Lockergestein
(5) .. Dammvolumen

Nr.	Name	Typ[1)]	Fertigstellungsjahr	H_{max} [2)] (m)	H_{Do} [3)] (m)	H_{Du} [4)] (m)	V [3)] ($10^3 m^3$)	Bauherr
16	Gosaudamm	B	1911	17	17	5	23	OKA
17	Bielerdamm	B	1947	25	25	5	393,4	VIW
18	Hollersbachdamm	A	1949	16,5	16,4	14	16	SAFE
19	Thurnberg-Wegscheid	C	1952	15	15		46	NEWAG
20	Simbach-Braunau	C	1953	11	11	5	3000	ÖBK
21	Jochenstein	C	1955	9	9	15	200	DoKW
22	Rotgüldenseesperre	B	1957	19,6	19,6		34,5	SAFE
23	Radlsee	B	1958	16,7	16,7		22	ÖDK
24	Schwarzach	C	1958	25	23		70	TKW
25	Roßwiese	C	1959	22	19,5		125	ÖDK
26	Schärding-Neuhaus	C	1961	11	9	6	2300	ÖBK
27	Edling	C	1962	31	31		695	ÖDK
28	Wagspeicher	C	1963	14	12,5		600	STEWEAG
29	Traualpsee	B	1965	20	17		19	EW Schattwald
30	Untere Sill	C	1966	25	15		60	EWI
31	Wallsee	A,C	1967	14	9	9	2600	DoKW
32	Haselstein	C	1967	20	17,5		75	KELAG
33	Feistritz	C	1968	28,5	21	47	2015	ÖDK
34	Innerfragant	C	1968	9,5	8		185	KELAG
35	Rifa	C	1968	22	12,5		298	VIW
36	Ottensheim	A,C	1972	14	7	11	3000	DoKW
37	Rosegg	C	1973	18,5	18,5	17,5	1170	ÖDK
38	Ferlach	C	1974	18	18	10	2150	ÖDK
39	Altenwörth	A,C	1974	15	11	20	7300	DoKW

(1) .. A : Erdkerndichtung
B : Kerndichtung aus bituminöser Mischung
C : Oberflächendichtung aus bituminöser Mischung
(2) .. maximale Dammhöhe
(3) .. Dichtungshöhe im Damm
(4) .. Dichtungshöhe im Lockergestein
(5) .. Dammvolumen

2. Dammaufbau

2.1 Staudamm Gepatsch (Abb.2)

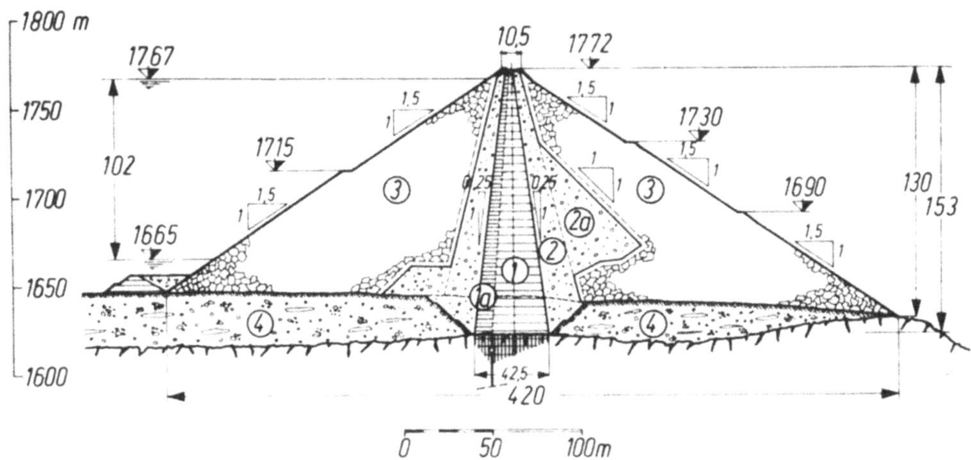

Abb.2. Staudamm Gepatsch

(1),(1a) .. Dichtungskern (Hangschutt und Moräne, ø o - 8o mm, (1a) mit 1 % Bentonit)
(2),(2a) .. Übergangszonen (Kies, ø o - 2oo mm)
(3) .... Stützkörperzonen (Steinbruchmaterial und Überkorn max. 1 m3)
(4) .... Felsüberlagerung (Flußablagerungen und Hangschutt)

Die relativ schlanke Erdkerndichtung - Zone (1) und (1a) - wurde in zentraler Lage angeordnet. Hiefür stand Hangschutt aus umgelagerter Moräne zur Verfügung. Der Kornbereich über 8o mm wurde abgesiebt und für die Zone (1a) 1 Gewichtsprozent Bentonit zugemischt. Der dichte Anschluß des Erdkernes an den Felsuntergrund erfolgte mit einer 1o cm starken, händisch aufgebrachten Schlufftonschicht.

Der Kern wird von den Übergangszonen (2) aus sandigem Kies bis 2oo mm Größtkorn begrenzt, welcher aus den Bachablagerungen im Stauraum gewonnen wurde. An der Luftseite mußte die Übergangszone (2) infolge Mangel an Steinbruchmaterial um die Zone (2a) ebenfalls aus sandigem Kies erweitert werden. Den Übergang vom Kies zum grobkörnigen Steinbruchmaterial der Stützkörperzone (3)(Augengneis bis 1 m3 Blockgröße) stellt ein am Damm durch Schubraupen hergestelltes Mischmaterial aus Kies - und Steinbruch - Zone (3a) - dar. Übergangszonen und Stützkörper ruhen auf tragfähiger Felsüberlagerung aus Hangschutt und fluvialen Sedimenten bis zu 7o m Mächtigkeit. Die Dammoberfläche wurde aus gesetzten Blöcken von mindestens o,5 m3 Größe hergestellt.

Die Verdichtung des Kernes erfolgte in 3o cm Schüttlagen durch eine 4o t schwere Gummiradwalze, der Übergangszonen bei 6o cm Schüttlage durch die Fahrzeuge bzw. durch eine 8,5 t schwere Anhänge-Rüttelwalze und schließlich der Stützkörperzone bei 2,o m Schüttlagen durch 8,5 t Anhänge-Rüttelwalzen.

Als Gründe für den gewählten Dammaufbau sind anzuführen:

- Günstige Materialvorkommen für die Zonen (1) und (2)
- Ausgewogene Sicherheit des Dammes bei allen Belastungsfällen
- Geringe Empfindlichkeit des zentralen Kernes gegen große Stützkörperverformungen
- Geringer Platzbedarf durch steile Böschungen.

Der Staudamm Gepatsch hat sich in seinen 11 Betriebsjahren gut bewährt. Längsrisse an der Krone hatten keinerlei nachteilige Folgen. Die plastischen Verformungen sind weitgehend abgeklungen. Auch die Sickerwassermengen durch die rd.45.ooo m2 Abdichtungsfläche des Kernes haben sich durch Selbstdichtung von 18 l/s auf etwa die Hälfte verringert.

Der einreihige Injektionsschirm für den Felsuntergrund aus Augengneis wurde von einem Stollen aus hergestellt (li.Höhe 3,4 m, li. Breite 3,o m).

2.2 Staudamm Durlaßboden (Abb.3)

Die Abmessungen des Dammes wurden nicht so sehr von der Eigenschaft der Dammschüttmaterialien, sondern von den vorhandenen, nicht gerade günstigen Untergrundverhältnissen beeinflußt. Der Damm erhielt daher einen breiten zentralen Dichtungskern (1). Hiefür wurde ein Hangschutt verwendet, dessen Korn größer als 8o mm in einer Wobbleranlage abgesiebt wurde. Der Kornbereich von o - 8o mm wurde nach Trocknung 1 Gewichtsprozent Natrium - Bentonit zugemischt. Die Schüttung des Kernes erfolgte in 3o cm hohen Lagen, die durch eine 4o t schwere Gummiradwalze verdichtet wurden. Der Dichtanschluß des Kernes an den Aushub im injizierten Untergrund bzw. an den betonierten Kontrollgang erfolgte durch eine 1o cm starke, händisch aufgebrachte Schluff-Tonlage.

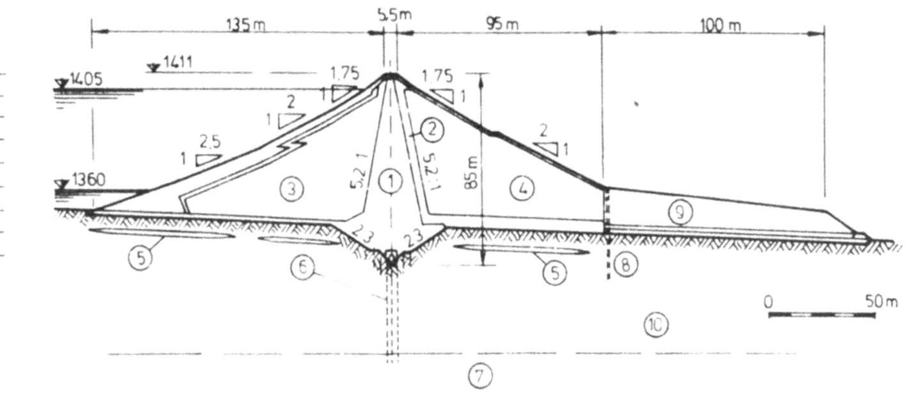

Abb. 3. Staudamm Durlaßboden

(1) .. Dichtungskern (Hangschutt ∅ o-8o mm + 1 % Bentonit)
(2) .. Übergangszone (sandiger Kies ∅ o-2oo mm,Korn o,2 < 1o %)
(3) .. Stützkörper (sandiger Kies ∅ o-2oo mm)
(4) .. Stützkörper (Hangschutt max. ∅ 1,o m)
(5) .. Schlufflinsen
(6) .. Dichtungsschirm
(7) .. Schluffige Sandschicht
(8) .. Entspannungsbrunnen (∅ 25o mm)
(9) .. Druckbank (Hangschutt, unsortiert)
(1o) . Sandiger Kies

Wasserseitig ist ein Stützkörper (3) aus sandigem Kies (Größtkorn ca. 2oo mm) eingebaut, der in 6o cm hohen Lagen eingebracht und nur durch den Fahrzeugverkehr verdichtet wurde. Für den luftseitigen Stützkörper (4) wurde ein blockreicher Hangschutt verwendet (Schütthöhe 2,5 m, Verdichtung durch den Fahrzeugverkehr). Zwischen dem grobblockigen Hangschutt auf der Luftseite und dem Kern wurde eine Übergangszone (2) aus sandigem Kies - ähnlich dem wasserseitigen Stützkörper - mit 5 m Mächtigkeit vorgesehen, die mit 6o cm Schichthöhe und Fahrzeugverdichtung hergestellt wurde. Die Oberfläche des Dammes wurde auf der Wasserseite mit einem Steinwurf und luftseitig durch eine Begrünung abgedeckt.

Der Damm - mit Ausnahme des Kernes - ruht auf teilweise sehr nachgiebigen alluvialen Talauffüllungen mit Schlufflinsen (5). Im Bereich des Dichtungskernes wurden diese nur oberflächennah vorhandenen Schlufflinsen im Zuge des Kerngrabenaushubes ausgeräumt. Die Abdichtung der alluvialen Talauffüllung erfolgte durch einen 3 bis 8 reihigen Injektionsschirm, der etwa in 6o m Tiefe in eine halbdurchlässige Schluff-Sandschicht (7) eingebunden ist. Bei der Herstellung des 1o.6oo m2 umfassenden Dichtungsschirmes in den Alluvionen mußten 3 in ihrer Zusammensetzung stark unterschiedliche Injektionsmittel, und zwar Ton-Zementsuspension, Bentonit -Gel und ein chemisches Injektionsmittel, Algonit-Gel, verwendet werden. Ein Kontrollgang in der Achse des Dammes (li.Höhe 3 m, li.Breite 2 m), der aus einer Kette von biegungssteifen betonierten Ringen hergestellt wurde, dient für Messungen und allfällige Nacharbeiten an der Injektionsschürze. Auf der Luftseite des Dammes dienen 7 Entspannungsbrunnen (8) und eine Druckbank (9) der erosionssicheren Abfuhr des Sickerwassers und der Sicherung gegen hydraulischen Grundbruch. Die an den Entspannungsbrunnen auftretende Sickerwassermenge durch den Dichtungsschirm beträgt bei Vollstau etwa 35 l/s.

Sowohl die Dammkonstruktion als auch die Dichtungsschürze haben sich seit dem 1.Vollstau 1968 gut bewährt. Die Sickerwassermenge durch den Dichtungskern, die im Kontrollgang abschnittsweise gemessen werden kann, ist praktisch Null.

2.3 Staudamm Eberlaste (Abb.4)

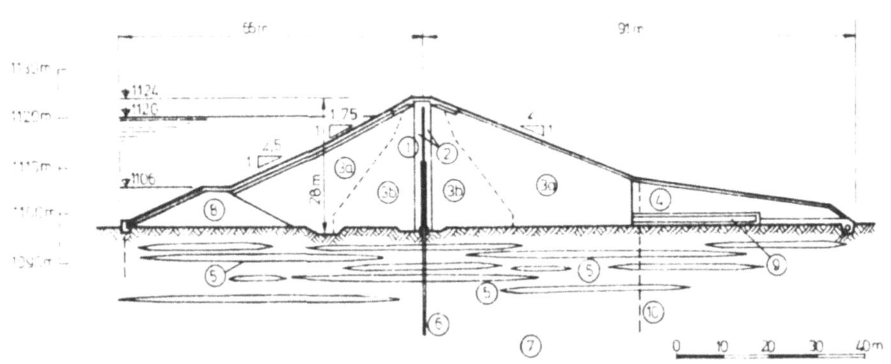

Abb.4. Staudamm Eberlaste

(1) .. Dichtungskern (bituminöses Mischgut)
(2) .. Übergangsschicht (Hangschutt und Steinbruchmateiral ∅ o - 15o mm)
(3a) . Stützkörper (Hangschutt, max. ∅ 1,o m)
(3b) . Stützkörper (Hangschutt, ∅ o - 2oo mm)
(4) .. Druckbank (Hangschutt, unsortiert)
(5) .. Schlufflinsen
(6) .. Schlitzwand (Ton-Zementbeton)
(7) .. Sandiger Kies
(8) .. Fangedamm (Hangschutt)
(9) .. Drainschicht (Steinschüttung)
(1o) . Entspannungsbrunnen (∅ 25o mm)

Der 28 m hohe Schüttdamm wurde mangels geeigneter natürlicher Dichtungsstoffe mit einem vertikalen Asphaltbetonkern (1) von 4o bis 5o cm Stärke hergestellt. Dieser Asphaltbetonkern wurde in 25 cm hohen Lagen mit einem Spezialeinbaugerät gleichzeitig mit der benachbarten 1,2o m starken Übergangsschicht (2) eingebracht und verdichtet. Luft- und wasserseitig des Dichtungskernes wurde für die Stützkörper Hangschutt verwendet, der im inneren Teil (3b) bei Durchmesser 2oo mm abgesiebt wurde. Bei Schütthöhen von 6o cm wurde in diesem Bereich eine Verdichtung mit einer 8 t Anhänge-Rüttelwalze vorgenommen. Im äußeren Bereich der Stützkörper (3a) wurde unsortierter Hangschutt mit max.Blockgröße von Ø 1 m bei 2 m Schütthöhe und Verdichtung durch den Fahrzeugverkehr verwendet. Um eine schädliche Sickerwasserströmung aus dem Untergrund hintanzuhalten, wurde unter dem luftseitigen Stützkörper eine 8 cm starke Sperrschicht aus Asphaltbeton aufgebracht. Die Oberfläche des Dammes wurde auf der Wasserseite mit einem Steinwurf und luftseitig durch einen Rasen abgedeckt.

Die Gründung des Dammes erfolgte auf der alluvialen Talauffüllung, die in den obersten 2o m überwiegend aus stark zusammendrückbaren Schlufflinsen (5) besteht. Für die Untergrunddichtung konnte in wirtschaftlicher Tiefe kein Dichtungshorizont gefunden werden, so daß die Konstruktion so ausgelegt werden mußte, daß die Sickerwassermenge auf ein wirtschaftlich tragbares Maß verringert und die Erosionsgefahr ausgeschaltet wurde. Als Dichtung wurde eine mit plastischem Ton-Zementbeton verfüllte Schlitzwand mit 4o cm Stärke 23 m tief abgeteuft. In den sehr block- und hohlraumreichen Randbereichen der Talauffüllung fehlen die Schlufflinsen zum größten Teil, weshalb dort die Schlitzwand zur Vermeidung von unerwünschten Wasserverlusten bis in 53 m Tiefe mit 6o cm Stärke niedergebracht werden mußte. Zur Herstellung des Ton-Zementbetons wurde der vorhandene Hangschutt kleiner Ø 4o mm mit Beimengungen von Bentonit, Zement und Chemikalien verwendet. Auf der Luftseite gewährleisten 15 Entspannungsbrunnen bis in 6o m Tiefe und eine Druckbank eine gesicherte Abfuhr des Sickerwassers. Die aus den Entspannungsbrunnen austretende Sickerwassermenge beträgt bei Vollstau 125 l/s.

Dammkonstruktion und Untergrundabdichtung haben sich seit Betriebsaufnahme im Jahr 1969 gut bewährt. Die Setzungen im Untergrund sind im Abklingen begriffen.

2.4 Staudamm Finstertal (Abb.5)

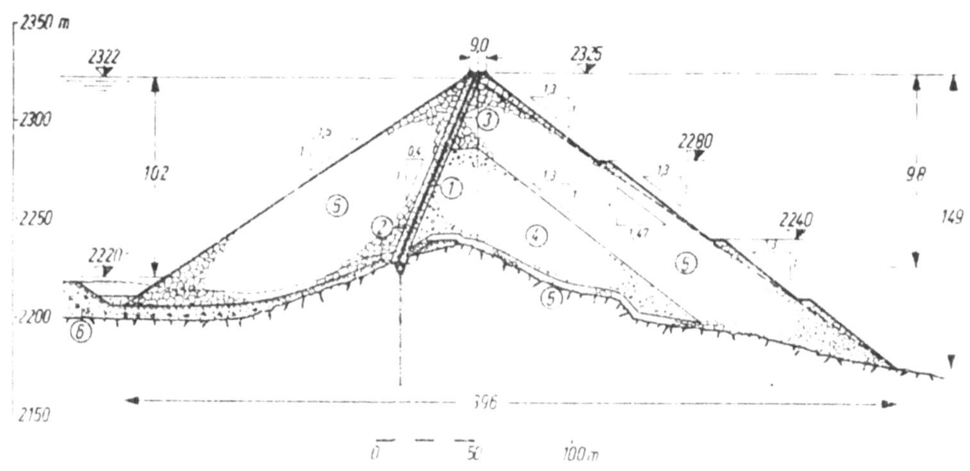

Abb.5. Staudamm Finstertal

(1) .. Dichtungskern (bituminöse Mischung)
(2) .. Übergangszone (Moräne, ∅ o - 1oo mm)
(3) .. Drainagezone (Steinbruchmaterial, ∅ o - 1oo mm)
(4) .. Stützkörperzone (Moräne, ∅ o - 7oo mm)
(5) .. Stützkörperzone (Steinbruchmaterial, ∅ o - 7oo mm)
(6) .. Felsüberlagerung (Moräne)

Zur Zeit der Abfassung des Berichtes waren erst die Vorarbeiten für den Dammbau im Gange. Es liegen daher noch keine Bau- und Betriebserfahrungen vor.

Das innenliegende membranartige Dichtungselement - Zone (1) - aus Asphaltbeton erhält an der Krone eine Stärke von 5o cm, an der Basis von 7o cm. Dieser Kern wird maschinell in Lagen von 25 cm eingebaut und muß gemeinsam mit dem angrenzenden Material verdichtet werden, so daß eine gute Verzahnung entsteht. Wasserseitig schließt die 3,o m starke Zone (2) aus Moränenmaterial bis 1oo mm Größtkorn, luftseitig die 2,o m starke Drainagezone(3) aus Steinbruchmaterial bis 1oo mm Größtkorn ab. Die Stützkörperzone (4) besteht aus Moräne in natürlicher Zusammensetzung bis 7o cm Größtkorndurchmesser. Der Hauptteil des Stützkörpers - Zone (5) - wird mit Steinbruchmaterial aus Granodiorit-Gneis von ebenfalls 7o cm Größtkorn aufgebaut. Zur Entwässerung der Zone (4) und Entspannung von Fels-Sickerwässern ist die Zone (5) auch in der Aufstandsfläche durchgezogen. Die Verdichtung soll ausnahmslos durch mindestens 15 t schwere Anhänge-Rüttelwalzen erfolgen. Ausgedehnte Flächen in der Dammaufstandsfläche sind von Moränen und Hangschuttmassen bis rd.3o m Mächtigkeit bedeckt und sollen im Untergrund belassen werden.

Die Schräglage der Innendichtung bringt mehrere Vorteile, und zwar:

- kommt die Dichtung dadurch aus dem Zentralteil heraus in einen Bereich geringerer Querverformung und somit geringerer Beanspruchung, wobei die Richtung der resultierenden Bewegung etwa mit der Falllinie übereinstimmt,
- wird die Masse des luftseitigen Stützkörpers gegenüber einer zentralen Lage vergrößert und somit der Widerstand gegen die Wasserdruckbelastung erhöht,
- erreicht der Dichtungsanschluß an den konvexen Felsuntergrund eine günstige wasserseitige Lage.

Durch die Verwendung von Steinbruchmaterial soll die jährliche Arbeitsperiode in der klimatisch ungünstigen Höhenlage von 23oo m Seehöhe verlängert werden.

Der einreihige Injektionsschirm für den Felsuntergrund aus Schiefergneis wird von einem Kontrollgang (li.Höhe 2,8 m, li.Breite 2,5 m) aus hergestellt.

2.5 Staudamm Hochwurten (Abb.6)

Der Hochwurtendamm ist in einer Engstelle einer überlagerten, ehemaligen Gletschermulde in 24oo m Seehöhe unter extremen klimatischen Bedingungen errichtet worden. Sein luftseitiger Dammfuß wird durch den Speicher Weißsee eingestaut. Für diesen ist noch eine Erhöhung um weitere 1o m vorgesehen.

Die Oberflächendichtung aus Asphaltbeton (1) wurde am Dammfuß 12 cm, an der Krone 8 cm stark ausgeführt. Darunter liegt eine 8 cm dicke Asphaltausgleichschichte auf einer mindestens 1 m mächtigen Drainage schicht (2) aus naß gebaggertem, grobem Kies. Der Stützkörper wurde aus sandigem Kies (3) und in höheren Lagen aus Moränenmaterial mit Kieszwischenlagen (4) aufgebaut. Die luftseitige Böschung wurde im Bereich der Zone (3) zum Schutz gegen Erosion mit einem Steinwurf abgedeckt und der Dammfuß mit einer Fußdrainage aus Steinschüttung (6) gesichert.

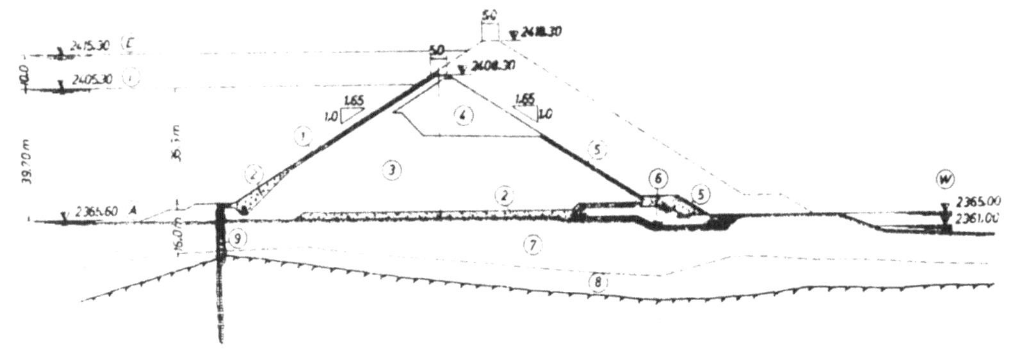

Abb.6. Staudamm Hochwurten

(1) .. Oberflächendichtung (bituminöse Mischung)
(2) .. Drainage- bzw. Filterzone (unterwassergebaggerter Kies)
(3) .. Stützkörper (sandiger Kies)
(4) .. Stützkörper (Moräne)
(5) .. Steinpackung
(6) .. Fußdrainage (Steinwurf)
(7) .. Bach- und Seeablagerungen
(8) .. Grundmoräne
(9) .. Bohrpfahlwand und Injektionsschirm

A .... Absenkziel E .... Endausbau
T .... Teilausbau W .... Weißsee

Der Dammkörper liegt auf lockeren, bis zu 2o m mächtigen Bach- und Seeablagerungen (7). Vor Beginn der Schüttarbeiten wurde am wasserseitigen Dammfuß der Untergrund mittels Tiefenrüttler verdichtet und in der Dammaufstandsfläche vertikale Kiesdrains im Abstand von je 4 m eingebracht, die der Entwässerung der feinkörnigen Untergrundschichten dienen. Die Brunnen können sich über einen Flächenfilter (2) aus naß gebaggertem Kies entlasten.

Die Abdichtung der Tiefenrinne wurde teils mit einer Bohrpfahlwand, teils mit einem dreireihigen Alluvialschirm durchgeführt. Im Filterkörper liegt luftseitig davon ein schliefbarer Drainagegang an den bei den Flanken Drainagerohre anschließen, die unmittelbar luftseitig der Herdmauer verlegt wurden, Weiters sind 3 Sickerwassermeßstellen vorgesehen.

Neben den schon angeführten Kriterien bringt die hier gewählte Anordnung mit dem wasserseitigen Abrücken der Herdmauer vom Dammfuß noch den Vorteil einer geringeren gegenseitigen Beeinträchtigung der Baumaßnahmen.

2.6 Staudamm Oscheniksee (Abb.7)

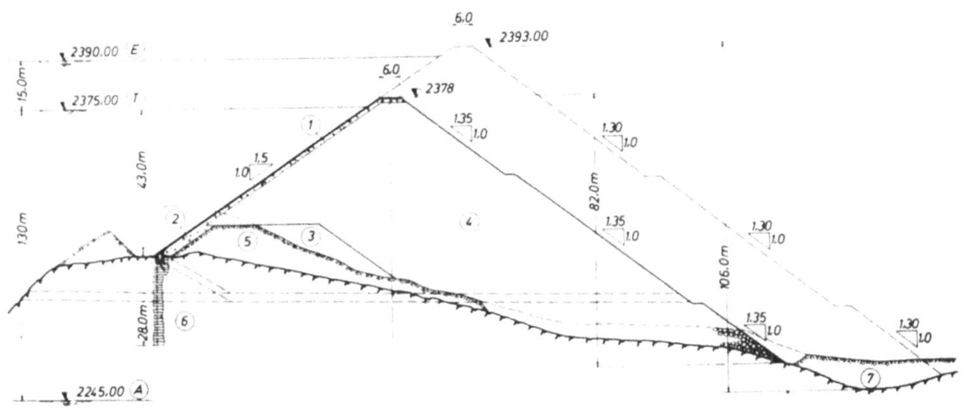

Abb.7. Staudamm Oscheniksee

(1) .. Oberflächendichtung (bituminöse Mischung)
(2) .. Drainagezone (Steinbruchmaterial, ∅ o - 2oo mm)
(3) .. Stützkörper (Moräne)
(4) .. Stützkörper (a - Steinbruchmaterial, b - Hangschutt)
(5) .. Felsüberlagerung (Moräne)
(6) .. Injektionsschürze
(7) .. Seeablagerungen

E .... Endausbau
T .... 3. Teilausbau
A .... Absenkziel

Der Staudamm Oscheniksee vergrößert den nutzbaren Inhalt des natürlichen Oscheniksees (11 hm3) auf das dreifache (33 hm3) und liegt mit seinem Stauziel auf 239o m Seehöhe. Die Schüttung der Gesamtkubatur des Dammes mit rund 2,3 Mio m3 erfordert eine Bauzeit von rd. 7 Sommerhalbjahren. Da einerseits das Absenkziel des Natursees 8o m unter dem tiefsten Punkt der Herdmauer liegt und andererseits ein etappenweiser Ausbau vorgesehen war, wurde die vorliegende Ausführungsart eines Dammes mit Oberflächendichtung gewählt. Die gewählte Oberflächendichtung aus Asphaltbeton hat sich auch bei Eisbildungen auf der Wasseroberfläche von über 1 m Stärke voll bewährt.

Während der Abfassung dieses Berichtes ist die Schüttung des Dammes für den dritten Teilausbau, Stauziel 2375 m, zur Hälfte eingebaut. Die Stärke der Dichtungshaut - Zone (1) - nimmt im 3.Teilausbau von

12 cm am Dammfuß auf 8 cm an der Krone ab. Für den Endausbau ist vorgesehen, die gesamte Dichtung durch den Auftrag einer zweiten Lage zu verstärken. Insgesamt wird sie im Anschluß an die Herdmauer 2o cm und an der Krone 8 cm stark sein. Der Übergang zum Fels erfolgt über eine Herdmauer mit einem schliefbaren Drainagegang. Am tiefsten Punkt der Herdmauer sind Meßstellen für das anfallende Sickerwasser eingebaut.

In der Dammaufstandsfläche wurde die Überlagerung des Felsuntergrundes, eine feste Moräne, weitgehend belassen. Nur an einigen Stellen an der Luftseite wurden setzungsempfindliche Schichten (7) bis auf die Felsoberfläche entfernt.

Die Drainagezone (2) besteht aus Steinbruchmaterial bis 2o cm Größtkorn. Sie wurde im Bereich der Felsüberlagerung in einer Stärke von 2 m und wasserseitig des Stützkörpers - Zone (4) - in einer von o,5 m eingebaut. Der Stützkörper besteht in der Zone (3) aus Moränenmaterial, welches aus dem Herdmaueraushub stammt, während die Zone (4) wechselweise aus Steinbruchmaterial und Hangschutt geschüttet wurde. Um bei der Schüttung Blockgrößen von Ø 1,o m einbauen zu können, wurden bei 1,5 m Schütthöhe ausnahmslos mindestens 13,5 t schwere Anhänge-Rüttelwalzen zur Verdichtung eingesetzt.

3. Materialeigenschaften

Die Anforderungen an die Eigenschaften der Dammschüttstoffe sind für die einzelnen Dammtypen unterschiedlich. Am einfachsten stellt sich diese Frage beim Typ C, bei dem vor allem eine gute Tragfähigkeit des Stützkörpermaterials erforderlich ist. Beim Typ B sind zusätzlich die Filtereigenschaften des wasserseitigen Stützkörpers zu berücksichtigen, während beim Typ A auch noch eine ausreichende Dichtung gewährleistet werden muß.

In gebirgigen Gegenden ist fast immer die Möglichkeit zur Gewinnung von Steinbruchmaterial gegeben. Es hat den Vorteil, daß es auch bei harten klimatischen Bedingungen geschüttet werden kann. Von dieser Möglichkeit wurde vor allem beim Staudamm Gepatsch Gebrauch gemacht und während zweier Winterperioden bei Temperaturen bis - 23° C durchgeschüttet. Steinbruchmaterial ist besonders bei geringen Spannungen durch den Verzahnungseffekt außerordentlich scherfest, läßt sich jedoch relativ schwer verdichten. Ein weiterer Vorteil ist die große Durchlässigkeit. Von den in (Abb.8) dargestellten Korngrößenverteilungen besteht die Zone (3) von Gepatsch, (5) von Finstertal und (3) von

Oscheniksee aus Steinbruchmaterial. Es handelt sich durchwegs um Gneis-Gesteine. Der große Streuungsbereich bei Gepatsch ist durch Störungszonen bedingt, wobei nur stark mylonitisiertes Material ausgeschieden wurde. Das Größtkorn wird im allgemeinen bei 1 m3 begrenzt.

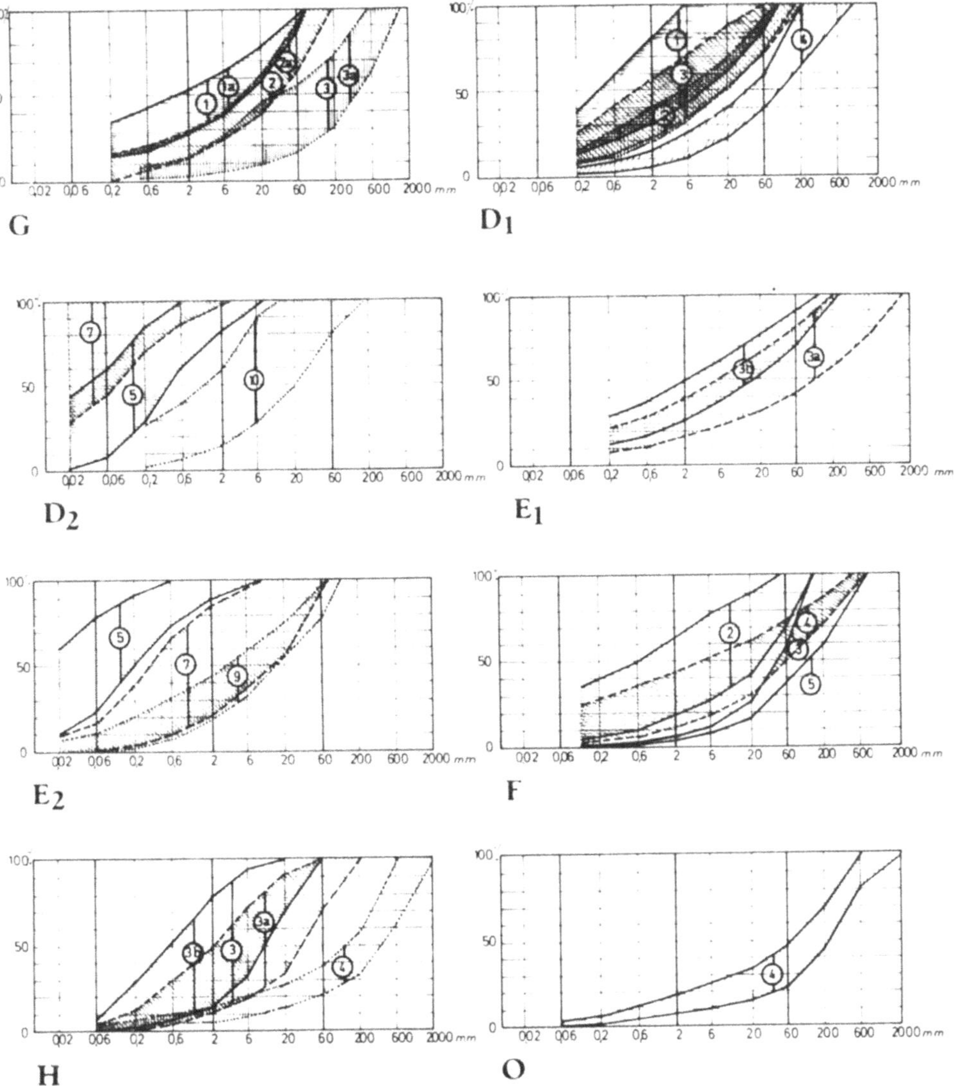

Abb.8. Korngrößenverteilung der Zonen bei den Dämmen der Abb. 2 - 7

G ... Gepatsch
D ... Durlaßboden (D_1 - Damm, D_2 - Untergrund)
E ... Eberlaste (E_1 - Damm, E_2 - Untergrund)
F ... Finstertal
H ... Hochwurten (a - Entnahme Hochwurtenbecken,
b - Entnahme Weißseebecken)
O ... Oscheniksee

In den meisten Stauräumen sind geeignete Flußablagerungen vorhanden, die sich stets in natürlicher Zusammensetzung für Übergangs- und Filterzonen verwenden lassen. Sie können auch für Stützkörperschüttungen, wie z.B. die Zone (2a) bei Gepatsch, Zone (3) bei Durlaßboden und Zone (3) bei Hochwurten (Abb.8) verwendet werden. Gute Verdichtbarkeit, hohe Scherfestigkeit und mittlere Durchlässigkeit sind die hervorstechendsten Eigenschaften. Für Drainagezonen ist die Durchlässigkeit in natürlicher Zusammensetzung häufig zu gering. In diesen Fällen muß der Feinsand-Anteil (Kornbereich kleiner o,2 mm) auf rund 3 % gesenkt werden, was verläßlich nur durch eine Aufbereitungsanlage erfolgen kann. Das Auswaschen durch Unterwasserbaggerung brachte keine zufriedenstellenden Ergebnisse.

Ergiebige Materialvorkommen für Stützkörper und Dichtungskerne stellen die Schuttauflagen der Hänge dar. Die bestehen häufig aus Moränen, seltener aus Verwitterungsprodukten des Felsuntergrundes oder durch Muren zu Hangschutt umgelagerten Moränen. Der Steinanteil größer 6o mm beträgt etwa 5o % bei meist großer Blockhäufigkeit. Wird das Größtkorn auf 8o mm begrenzt, ist eine gute Eignung für Dichtungskerne gegeben. Die Fließgrenze des Kornbereiches kleiner o,4 mm liegt zwischen 2o % und 4o %, der Plastizitätsindex zwischen o und 15 %. Es handelt sich somit um ein im Feinkorn un- bis leichtplastisches Material. Zu hoher natürlicher Wassergehalt führt zu Einbauschwierigkeiten, die bei den Staudämmen Gepatsch und Durlaßboden nur durch Trocknung behoben werden konnten. Die sich bei der Verdichtung aufbauenden Porenwasser-Überdrücke klingen im Dichtungskern aus diesem Material nach 2 bis 3 Monaten auf o,1 bis o,2 des Überlagerungsdruckes ab. Zur Verringerung der Durchlässigkeit von $5.1o^{-8}$ auf $5.1o^{-9}$ m/s wurde bei den Dichtungskernen Gepatsch-Zone (1a)- und Durlaßboden - Zone (1) - wie schon erwähnt, 1 Gewichtsprozent Bentonit beigemischt.

Hangschutt läßt sich in natürlicher Zusammensetzung auch als Stützkörper verwenden. Zur Vermeidung von Einbauschwierigkeiten durch zu hohen Wassergehalt hat sich eine Mischung mit Kies und Steinbruchmaterial bewährt. Hangschutt-Stützkörper wurden bei den Dämmen Durlaßboden - Zone (4) -, Eberlaste - Zone (2) - und Hochwurten - Zone (4) - ausgeführt. Beim Finstertaldamm ist eine Moränenschüttung - Zone (4) - vorgesehen.

Bei entsprechender Eignung wird auch Ausbruchmaterial von Stollen und Kavernen in Stützkörper - und Übergangszonen eingebaut.

Damm	Zone[x)]	Dichte feucht t/m3	Dichte trocken t/m3	Porenanteil %	Durchlässigkeitskoeffizient m/s	Reibungswinkel Grad
Gepatsch	(1)	2,41	2,25	15,4	$1o^{-8}$ - $1o^{-9}$	35
	(2)	2,46	2,39	13,4	$1o^{-5}$ - $1o^{-7}$	4o
	(3)	1,97	1,97	26,2		43
	(4)	2,34	2,15	18,9	$1o^{-4}$ - $1o^{-6}$	36
Durlaßboden	(1)	2,26	2,o8	2o	$1o^{-8}$ - $1o^{-1o}$	38
	(3)	2,31	2,o9	19,5	$1o^{-7}$ - $1o^{-8}$	4o
	(4)	2,37	2,24	14	$1o^{-5}$	38
Eberlaste	(3a)	2,13	1,95	25,5		35
	(3b)	2,34	2,13	18,o		35
Hochwurten	(2)	1,92	1,9o	28,3		38,5
	(3)	2,25	2,12	2o,2	$1o^{-5}$ - $1o^{-7}$	38,5
	(4)	2,34	2,19	18,2		45
	(7)	2,oo	1,86	3o,o		37
Oschenik	(3)	2,25	2,o8	22,4		38
	(4a)	2,25	2,16	19,4		45
	(4b)	2,25	2,12	21,9		45

Tabelle 2 : Bodenkennwerte der Dammbaustoffe

x) Lage und Bezeichnung siehe (Abb.2 bis 7)

In Tabelle 2 sind die Material-Eigenschaften der in Punkt 2 näher beschriebenen, bereits fertiggestellten Dämme zusammengestellt. Der Finstertal-Damm ist daher nicht enthalten. Wie zu entnehmen, handelt es sich durchwegs um Böden guter Verdichtbarkeit und hoher Scherfestigkeit.

In (Abb.8) sind bei den Staudämmen Durlaßboden und Eberlaste auch die Kerngrößenverteilungen der verschiedenen Untergrundschichten dargestellt. Die Schluff-Sandgemische waren relativ locker gelagert und wurden unter der Dammlast stark zusammengedrückt. Beim Eberlaste-Damm traten Setzungen von über 2,3 m auf, die von der Schlitzwand aus Ton-Zement- Zone (6) - und der Kerndichtung aus Asphaltbeton - Zone (1) - ohne Schäden ertragen wurden. In (Abb.9) sind die mit Hilfe der FEM ermittelten Auswirkungen der Setzungen auf den Spannungszustand des Anschlusses der Schlitzwand an das Felswiderlager dargestellt.

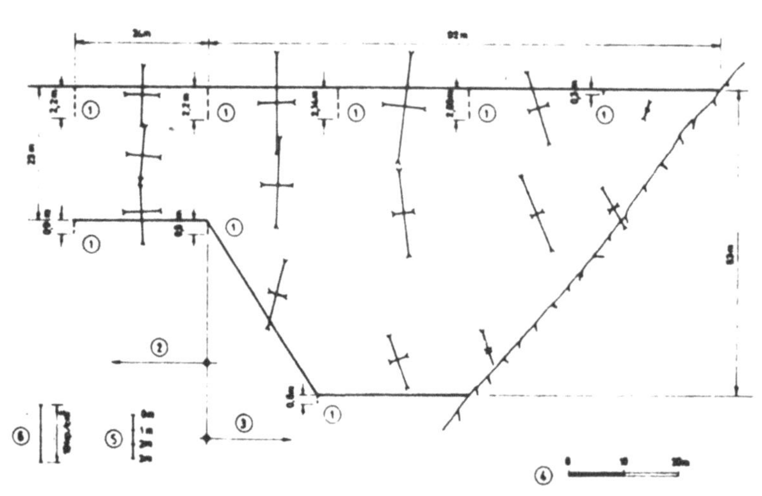

Abb.9. Spannungs- und Verformungsanalyse.
Anschluß der Schlitzwand an das Felswiderlager

(1) .. Setzungen zufolge Dammauflast
(2) .. Material mit Verformungsmodul 13o kp/cm2
(3) .. Material mit Verformungsmodul 29o kp/cm2
(4) .. Längenmaßstab
(5) .. Setzungsmaßstab
(6) .. Spannungsmaßstab

Das Verformungsverhalten der Schlitzwandfüllung wurde den angetroffenen Untergrundverhältnissen angepaßt. Der Verformungsmodul des Ton-Zementbetons beträgt in dem in Frage kommenden Spannungsbereich 13o kp/cm2 für die Verfüllmasse in Talmitte und 29o kp/cm2 im Bereich der Talränder. Im dargestellten Ergebnis der Nachberechnung (Abb.9) wurde für die ebene Scheibe der Schlitzwand die tatsächlich gemessene, der Dichtungswand aufgezwungene Setzung durch die Dammschüttung angenommen. Unter der sehr ungünstigen Rechenannahme, daß die Verformung in einem einzigen Belastungsschritt aufgebracht wird und unter Vernachlässigung des spannungsfreien Kriechens, ergeben sich Hauptzugspannungen von o,6 kp/cm2 im obersten Eck beim Felsanschluß und maximale Hauptdruckspannungen etwa in der Mitte des der Berechnung zugrundegelegten Scheibenabschnittes von 19,3 kp/cm2. Beide Werte sind kleiner als die Bruchfestigkeit des Schlitzwandmaterials.

Abb.1o. Direkt- Schergerät zur Bestimmung der Scherfestigkeit zwischen Material und Fels

Zur Feststellung des Scherwiderstandes von Material auf Fels werden zur Zeit Direkt-Scherversuche mit 1 m2 Scherfläche, 2oo mm Größtkorn und max.1o kp/cm2 Normalspannung durchgeführt.(Abb.1o) zeigt das Versuchsgerät mit einer in der Aufstandsfläche des Dammes Finstertal gewonnenen Felsplatte.

Zur Ermittlung der Materialeigenschaften werden stets umfangreiche Laborversuche durchgeführt. Dies gilt auch für den Asphaltbeton der membranartigen Oberflächen- und Innendichtungen, sowie für den Ton-Zementbeton beim Staudamm Eberlaste.

4. Meßeinrichtungen

Für eine ausreichende Beobachtung des Dammverhaltens werden große Anstrengungen unternommen. Wie aus Tabelle 3 ersichtlich, trifft dies besonders auf die drei Dämme Gepatsch, Durlaßboden und Finstertal zu, für die durch ihren teilweise neuartigen Dammaufbau ein größerer Aufwand an Meßeinrichtungen erforderlich ist.

Im allgemeinen werden die Bewegungen auf der Dammoberfläche und im Damminneren, die Porenwasserdrücke, die Sickerwassermengen, sowie der Abbau des Staudruckes im Untergrund gemessen. Die Erddruckmessungen dienen zur Kontrolle des Tragverhaltens und werden nur bei höheren Dämmen angewandt.

Als Beispiel für einen gut instrumentierten Damm kann der Staudamm Finstertal gelten, dessen Meßquerschnitt in (Abb.11) dargestellt ist.

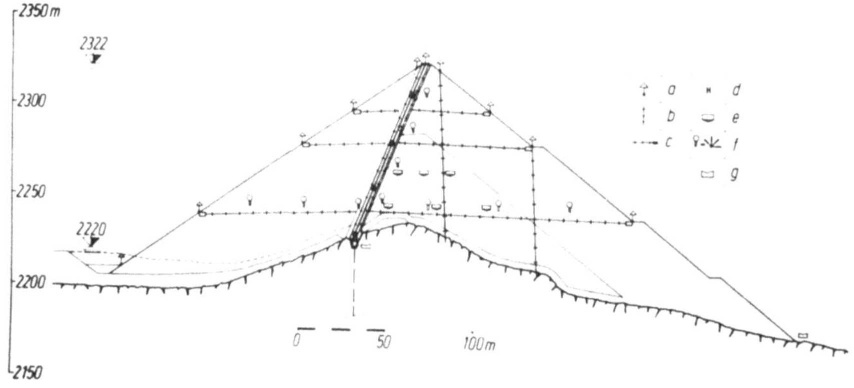

Abb.11. Meßeinrichtungen des Staudammes Finstertal

a . geodätische Meßpunkte
b . stehende Pegel
c . liegende Pegel
d . Stärkenmessung
e . Porenwasserdruckgeber
f . Erddruckgeber
g . Sickerwassermeßstelle

Nr.	Name	Anzahl der Instrumente oder Meßpunkte							
		Verformungen				Drücke		Sicker-wasser	Piezo-meter
		Damm - Oberfläche		Damm - Inneres					
		Setzung	Verschie-bung	Setzung	Verschie-bung	Poren-wasser-druck	Erd-druck		
1	Freibach	1	1					8	18
2	Diesbach	3						2	
3	Gepatsch	58	58	285	285	32	51	3	2o
4	Durlaßboden	18	18	143	14o	44	6	17	23
5	Eberlaste	21	6					16	11
6	Wurten	15	9	31	31	4		5	
7	Latschau II	1o2	29	5		16		6	
8	Hochwurten	54	54	26	26	6		3	2
9	Großsee	18	18	2o	2o			2	
1o	Galgenbichl	37	37	6				5	7
11	Gößkar	64	64	8		6		8	6
12	Oscheniksee	46	3o	56	56			2	
13	Längental	22	22					11	2
14	Finstertal	77	77	114	118	12	8o	25	4
15	Bolgenach	28	28	4	3	28	1o	5	3

Tabelle 3 : Meßeinrichtungen der Dämme über 3o m Höhe

[illegible] die Messung der Setzungen und Verschiebungen im Inneren des Dammkörpers werden die beim Staudamm Gepatsch entwickelten "liegenden Pegel" verwendet, die eine große Verbreitung gefunden haben. Sie werden durch "stehende Pegel" ergänzt, wodurch in den Kreuzungspunkten eine gegenseitige Kontrolle möglich ist. An 4 Stellen (d in Abb.11) wird die Änderung der Stärke des Dichtungskernes auf elektromagnetischem Wege gemessen. Damit sollen Aufschlüsse über das Verhalten schrägliegender membranartiger Innendichtungen gefunden werden. Große Beachtung wird auch den Sickerwassermengen geschenkt. Durch abschnittsweise Messungen im Kontrollgang, wie z.B. beim Staudamm Durlaßboden, kann in Verbindung mit dem jeweiligen Stauspiegel eine allfällige Leckstelle der Membrandichtung gut eingegrenzt werden. Weitere Meßschwerpunkte sind der innere Spannungszustand, sowie die Verformungen im Kronenbereich.

Bei jenen Dämmen, die im Winter nicht zugänglich sind, werden vor allem die Meßwerte der Sickerwassermengen in die Kraftzentrale fernübertragen.

Abb.12. Aufbereitungsanlage für das Kernmaterial des Staudammes Gepatsch

a . Wobbler
b . Trockenöfen
c . Mischturm
d . Bentonit - Silo

5. Bauausführung und Baukontrolle

Der Materialtransport wurde ausschließlich durch Schwerlastfahrzeuge durchgeführt. Bei den Hangentnahmen wirkt sich die Gegenläufigkeit des von oben nach unten fortschreitenden Abbaues und der von unten nach oben wachsenden Dammschüttung ungünstig aus. Für die Gewinnung und Beladung werden Hoch- und Tieflöffelbagger eingesetzt.

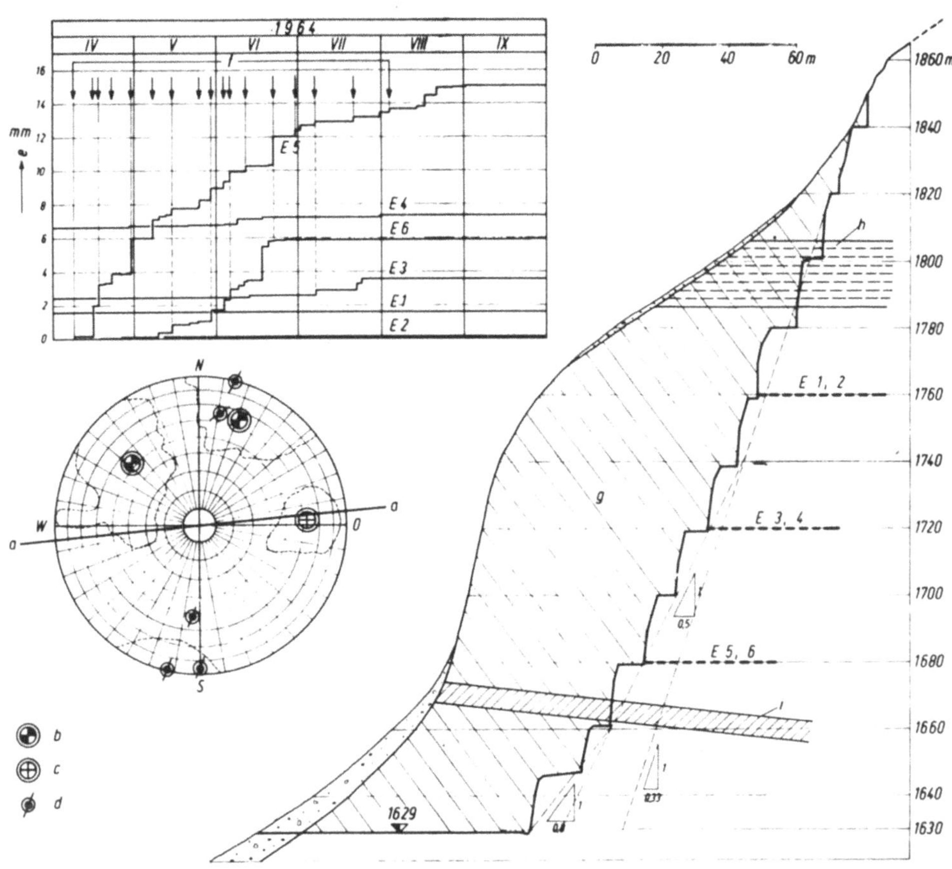

Abb.13. Steinbruch Gepatsch

a - a . Richtung der Steinbruchwand
b ..... Hauptkluftpole
c ..... Nebenkluftpol
d ..... Pole der Schieferungsflächen
e ..... Horizontalbewegung der Wand
f ..... Sprengabschläge
g ..... Augengneis
h ..... Quetschzone
i ..... Diabas
E_1 - E_6 Extensometer

Die Absiebung des Überkornes größer 80 mm für das Kernmaterial der Dämme Gepatsch und Durlaßboden erfolgte durch eine Wobbler-Anlage, die Zumischung von 1 % Bentonit durch Eirich-Zwangsmischer. Die künstliche Trocknung des Kernmaterials bei den Dämmen Gepatsch und Durlaßboden erfolgte durch Drehrohröfen von je 100 t/Std.Durchsatz. Dabei wurde der Wassergehalt um 3 % gesenkt. (Abb.12) zeigt die Aufbereitungsanlage beim Staudamm Gepatsch.

Für die Gewinnung von rund 4,5 Mio m3 Steinbruchmaterial beim Staudamm Gepatsch mußte ein außerordentlich extremer Bruch angelegt werden. In (Abb.13) ist der Hauptquerschnitt mit einer Höhenentwicklung von 220 m dargestellt. Es wurde in Stufen von 20 m durch Großbohrloch - Sprengungen, Bohrlochdurchmesser 76,2 mm in Abschlägen von rund 10.000 m3 festem Fels abgebaut. Um Spannungskonzentrationen abzumildern, wurde die Neigung der Steinbruchrückwand von vertikal zu horizontal 3:1 im oberen Teil auf 5:4 am Fuß ermäßigt.
Aus (Abb.13) können auch die durchaus günstigen Lagen der Schieferungs- und Klüftungsflächen, sowie die durch Extensometer gemessenen verformungsmäßigen Auswirkungen des Abbaues entnommen werden. Es ist bemerkenswert, daß die Bewegungen stets unmittelbar nach den Spreng-Abschlägen auftraten.

Wie schon erwähnt, erfolgte die Verdichtung der Dichtungskerne durch Gummiradwalzen bis 40 t, der übrigen Zonen meist durch schwere Anhänge - Rüttelwalzen bis max.15 t statischem Gewicht. Der Einbau wurde in verdichteten Lagenstärken von rund 30 cm beim Kern, rund 60 cm bei den Übergangszonen und bis 2,0 m bei der Steinschüttung durchgeführt. (Bild 14) vom Oschenik-Damm zeigt die Verdichtung von Steinbruchmaterial bei 1,5 m Schütthöhe mit einer 13,5 t schweren Rüttelwalze. Bei der Verdichtung in Nähe steiler Böschungen tritt bei Verwendung von schweren Walzen eine Auflockerung zur freien Oberfläche hin ein. Diese muß durch besondere Verdichtungsmaßnahmen vor allem bei Oberflächendichtungen beseitigt werden.
Für den Einbau von Oberflächendichtungen aus Asphaltbeton werden leistungsfähige Deckenfertiger eingesetzt. Bei Dämmen etwa unter 40 m Dichtungshöhe wird eine einlagige Dichtung bis zu 12 cm Stärke bevorzugt. Auch der Einbau von Kerndichtungen erfolgt maschinell durch besondere Fertiger, die für eine gute Verzahnung des Kernes mit den angrenzenden Zonen sorgen.

Abb.14. Rüttelverdichtung beim Staudamm Oscheniksee

Für die Kontrolle der Einbauraumgewichte wurden besondere Methoden entwickelt. So hat sich für die feinkörnigeren und bindigeren Dichtungskerne der Dämme Gepatsch und Durlaßboden das "Meßkörperverfahren" gut bewährt, bei dem eine 3 bis 5 dm3 große, verdichtete Materialprobe gewonnen und einer Tauchwägung unterzogen wird. Damit sich die Probe vom umgebenden Material störungsfrei abtrennen läßt, wird sie beim Einbau mit einer perforierten dünnen Plastikfolie umhüllt.

Für gröberes Material kommt die "Wasserersatzmethode" zum Einsatz, wobei innerhalb eines Meßringes von 1,0 m Durchmesser 20 bis 30 dm3 Material entnommen werden. Bei Material, das zum Kriechen neigt, muß eine möglichst flache Aushubmulde angelegt werden. In extremen Fällen hat sich eine Überbrückung der Meßstelle als vorteilhaft erwiesen, da auf diese Weise eine unmittelbare Belastung des umgebenden Bodens durch den Laboranten vermieden werden kann.

Am schwierigsten und aufwendigsten ist die Kontrolle des Raumgewichtes grobkörniger Schüttungen. Ermittlungen in Gruben sind mit dem Fehler der Auflockerung der Grubenoberfläche behaftet. Bei aufgemessenen Schüttkörpern von 100 bis 200 m3 lassen sich Fehler besser vermeiden.

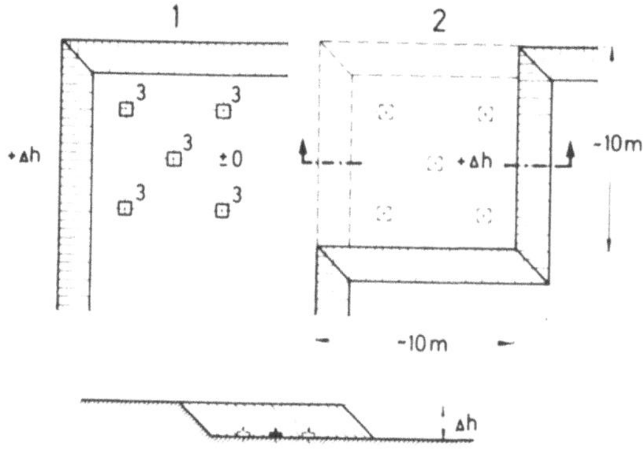

Abb.15. Schüttkörper für die Raumgewichtsermittlung von grobkörnigem Material

(1) .. Zustand vor dem Versuch
(2) .. Versuchszustand
(3) .. Meßplatten

Wie (Abb.15) zeigt, wird der Schüttkörper gegen 2 vorhandene, etwa rechtwinklig zueinander liegende Böschungen geschüttet. Bei der nachfolgenden Verdichtung vom oberen Schüttplanum aus werden die 2 Böschungen gemeinsam mit den beiden aufliegenden Zwickeln des Schüttkörpers verdichtet, während die beiden außenliegenden Böschungen unverdichtet bleiben. Auf diese Weise werden 4 Böschungszwickel verdichtet, von denen 2 der ursprünglichen Böschung angehören, jedoch die Auflockerung der beiden noch unverdichteten Zwickel des Schüttkörpers kompensieren. Durch nachträgliches Einmessen der Meßplatten in der Aufstandsfläche kann auch ein Setzungsfehler berücksichtigt werden.

Darüber hinaus sind noch laufend Kontrollen der Kornverteilung des Wassergehaltes und seltener der Durchlässigkeit und Scherfestigkeit vorgesehen.

6. Sonstiges

Jedes Dammprojekt wird durch die Staubeckenkommission im Bundesministerium für Land- und Forstwirtschaft begutachtet. Diese hat auch Richtlinien für den Nachweis der Standsicherheit ausgearbeitet und erforderliche Sicherheitswerte festgelegt. So müssen unter Zugrundelegung der Sicherheitsdefinition von Fellenius:

$$\eta = \frac{tg\,\varphi'_{\text{vorhanden}}}{tg\,\varphi'_{\text{erforderlich}}}$$

folgende Mindest-Sicherheitswerte nachgewiesen werden:

Lastfall	Definition	Sicherheitswert
I	Betrieblich mögliche Lastwirkungen	1,3
II	Einzel - Katastrophen - Lastwirkungen (z.B.Hochwasserstau oder 2oo-jährliches Erdbeben)	1,2
III	Ungünstige Kombination von Einzelkatastrophen - Lastwirkungen (z.B.Hochwasser + 2oo-jährliches Erdbeben)	1,1

Darüber hinaus werden in Sonderfällen auch Spannungs- und Verformungszustände mit der Methode der endlichen Elemente (FEM) untersucht.

Die Verfasser danken den Talsperreneigentümern für die Bereitstellung der Unterlagen und die Genehmigung zu deren Veröffentlichung.

7. Zusammenfassung

Die österreichischen Staudämme wurden bisher nur im Zusammehang mit der Wasserkraftnutzung errichtet. Von den 39 Dämmen erreichen 15 Höhen über 3o m. Die größte Höhe weist der 1964 fertiggestellte Staudamm Gepatsch mit 153 m bei 7,1 Mio m3 Schüttvolumen auf.

Unter den 3 angewandten Staudammtypen: A: Dämme mit Erdkerndichtung, B: mit membranartiger Innendichtung und C: mit membranartiger Oberflächendichtung aus Asphaltbeton, überwiegt mit 9 der 15 höheren Dämme der Typ C. Die Bevorzugung geht vor allem auf die einfache

Herstellung des Dammkörpers unabhängig von der Dichtung zurück und zum Teil auch auf die einfachere Möglichkeit einer späteren Dammerhöhung.

Von jedem Dammtyp werden 2 wesentliche Vertreter beschrieben und auf die Besonderheiten des Dammaufbaues hingewiesen. 2 Dämme - Durlaßboden und Eberlaste - wurden auf über 1oo m mächtiger durchlässiger und zusammendrückbarer Talauffüllung errichtet. Ferner wird auf die Materialeigenschaften der verschiedenen Dammbaustoffe: Hangschutt, Moräne, Flußablagerungen und Steinbruchmaterial eingegangen. Es handelt sich durchwegs um ungleichförmiges, un- bis leichtplastisches Material hoher Scherfestigkeit. Zur Verringerung der Durchlässigkeit wurde das Material für Erdkerndichtungen durch Beimischen von 1 Gewichtsprozent Bentonit vergütet. Als weitere Aufbereitungsmaßnahmen für Kernmaterial sind Absiebung durch Wobbler, sowie künstliche Trocknung in Drehrohröfen hervorzuheben.

Das Dammverhalten wird durch umfangreiche Meßeinrichtungen besonders bei den hohen Dämmen überwacht. Ein beim Staudamm Gepatsch entwickelter Horizontalpegel zur Messung der inneren Verformungen hat eine große Verbreitung gefunden. Der Materialtransport bei der Bauausführung erfolgt ausschließlich durch Schwerlastfahrzeuge. Die Rüttelwalzenverdichtung hat sich auch bei grobkörnigen Steinschüttungen allgemein bewährt. In Tälern mit steilen Talflanken können Materialentnahmen große Höhenentwicklungen, wie z.B.22o m beim Steinbruch für den Staudamm Gepatsch, erreichen.

Staudämme werden in Österreich durch die Staubeckenkommission im Bundesministerium für Land- und Forstwirtschaft begutachtet. Von dieser wurden auch Richtlinien für den Nachweis der Standsicherheit herausgegeben.

Literatur

Allgemeines:

(1) GRENGG,H.: Die Talsperren Österreichs, Statistik 1961, Statistik 1971 Österr.Wasserwirtschaftsverband, Wien

(2) SCHOBER,W.: Der Staudammbau in Österreich, Österr. Wasserwirtschaft, 25.Jg., Heft 3/4, 1973

Staudamm Gepatsch:

(3) LAUFFER,H; SCHOBER,W.: Investigations for the Earth Core of the Gepatsch Rockfill Dam with a Height of 15o m (5oo ft.) Q 27,R 92, ICOLD 1961 as well as contributions to Q 27 by H.Lauffer

(4) LAUFFER,H; SCHOBER,W.: The Gepatsch Rockfill Damm in the Kauner Valley. Q 31,R 4, ICOLD 1964 as well as contributions to Q 32 by H.Lauffer

(5) NEUHAUSER,E; WESSIAK,W.: Placing of the Shell Zones of the Gepatsch Rockfill Dam in Winter. Q 35, R 3o, ICOLD 1967

(6) SCHOBER,W.: Behaviour of the Gepatsch Rockfill Dam. Q 34, R 39, ICOLD 1967 as well as contributions to Q 34 by W.Schober

(7) SCHOBER,W.: The Inferior Stress Distribution of the Gepatsch Rockfill Dam. Q 36, R 1o, ICOLD 197o

(8) NEUHAUSER,E.: Das bauliche Wagnis bei den Tiefbauarbeiten des Kaunertalkraftwerkes. Österr. Ingenieur - Zeitschrift, 115.Jg., Heft 3,4 und 6, 197o

(9) HERBECK,H.: Der Staudamm Gepatsch. PORR - Nachrichten, 5.Jg., Heft 22/23, 1965

Staudamm Durlaßboden:

(1o) KROPATSCHEK,H.; RIENÖSSL,K.: Travaux d'etanchement du sous-sol du barrage de Durlassboden. Q 32, R 42, ICOLD 1967

(11) KROPATSCHEK,H.; RIENÖSSL,K.: L'efficacité de l'écran d'injection dans les alluvions au barrage de Durlassboden et la réalisation d'une paroi continue profonde au barrage d'Eberlaste de l'equipment de la Zemm.
Q 37, R 15, ICOLD 197o

Aus ÖZE, 21.Jg., Heft 8, 1968:

(12) KROPATSCHEK,H.: Der Entwurf des Durlassbodendammes

(13) RIENÖSSL,K.: Die wichtigsten bodenmechanischen Untersuchungen vor Beginn und während der Bauzeit des Durlassbodendammes

(14) KROPATSCHEK,H.; RIENÖSSL,K.: Die Untergrunddichtung des Durlassbodendammes

(15) WIDMANN,R.: Einige statische Probleme des Dammes Durlassboden

(16) KROPATSCHEK,H.; RIENÖSSL,R.: Speicher Durlassboden - Ergebnisse des Teilstaues 1967

(17) BRETH,H.: Staudamm Durlaßboden. Das Ergebnis des Teilstaues 1967.

Staudamm Eberlaste:

(18) RIENÖSSL,K.; SCHLOSSER,J.: Erddamm Eberlaste - Entwurf und Ausführung ÖZE, 25.Jg., Heft 1o, 1972

(19) KROPATSCHEK,H.; RIENÖSSL,K.: The vertical concrete core of earthfill dam Eberlaste of the Zemm hydro-electric scheme. Q 36, R 15, ICOLD 197o

(20) BRETH,H.; GÜNTHER,K.: Die Dichtungselemente des Erddammes Eberlaste. Strabag - Veröffentlichungen, 8.Reihe, 2.Band

(21) BRETH,H.; GÜNTHER,K.: Die Anwendung von Entspannungsbrunnen zur Verhütung von Erosionsschäden beim Erddamm Eberlaste. "Der Bauingenieur" Heft 8, 1967

(22) WIDMANN,R.: The dams of the Zemm hydro-electric scheme. World dams today - 197o. Japan Dam Association

(23) RIENÖSSL,K.: Embankment dams with asphaltic-concrete cores. Experience and recent test results. Q 42, R. 45, ICOLD 1973

(24) RIENÖSSL,K.; HUBER,H.: Die Zemmkraftwerke - technische Probleme bei der Planung und Ausführung. Zement und Beton, Heft 5o/51, 197o

(25) BRETH,H.; KLÜBER,TH.: Grundwasserstandsmessungen mit Piezometern bei zeitabhängigem Wasserdruck. Wasserwirtschaft, 64.Jg., Heft 11, 1974

Staudamm Finstertal:

(26) SCHOBER,W.: Considerations and Investigations for the Design of a Rockfill Dam with a 92 m high Bituminous Mix Core. Q 42, R 34, ICOLD 1973

Schriftenreihe:

DIE TALSPERREN ÖSTERREICHS

Heft 1: Prof.Dr.A.W. R e i t z : Beobachtungseinrichtungen an den Talsperren Salza, Hierzmann, Ranna und Wiederschwing (1954) S 4o,--

Heft 2: Dipl.Ing.Dr.techn.Helmut F l ö g e l : Der Einfluß des Kriechens und der Elastizitätsänderung des Betons auf den Spannungszustand von Gewölbesperren (1954) S 32,--

Heft 3: Prof.Dr.A.W. R e i t z , R. K r e m s e r u. E. P r o k o p : Beobachtungen an der Ranna-Talsperre 195o bis 1952 mit bes. Berücksichtigung der betrieblichen Erfordernisse (1954) S 59,--

Heft 4: Prof.Dr.Karl S t u n d l : Hydrochemische Untersuchungen an Stauseen (1955) S 25,--

Heft 5: Prof.Dr. Josef S t i n i : Die baugeologischen Verhältnisse der österreichischen Talsperren (1955) S 64,--

Heft 6: Dipl.Ing.Dr. Hans P e t z n y : Meßeinrichtungen und Messun-en an der Gewölbesperre Dobra (1957) vergriffen

Heft 7: Dozent Dipl.Ing.Dr.techn. Erwin T r e m m e l: Limbergsperre, statistische Auswertung der Pendelmessungen (1958) S 38,--

Heft 8: Dr.techn.Dipl.Ing. Roland K e t t n e r : Zur Formgebung und Berechnung der Bogenlamellen von Gewölbemauern (1959) S 66,--

Heft 9: Dipl.Ing. Hugo T s c h a d a : Sohlwasserdruckmessungen an der Silvrettasperre (1959) S 38,--

Heft 1o: Dipl.Ing. Wilhelm S t e i n b ö c k : Die Staumauer am Großen Mühldorfersee (1959) S 59,--

Heft 11: Dipl.Ing.Dr.techn. Ernst F i s c h e r : Beobachtungen an der Hierzmannsperre (196o) S 38,--

Heft 12: Prof.Dr. Hermann G r e n g g : Statistik 1961 (1962) S 293,--
Ausgabe in englischer Sprache (1962) vergriffen

Heft 13: Dipl.Ing. Alfred O r e l : Gesteuerte Dichtungsarbeiten beim Erddamm des Freibachkraftwerkes Kärnten (1964) S 45,--

Heft 14: Neuere Beobachtungen (1964) S 59,--

Heft 15: Sammel-Ergebnisse des 8. Talsperren-Kongresses in Edinburgh 1964 (1966) S 119,--

Heft 16: Dipl.Ing. Otto G a n s e r : Die Meßeinrichtungen der Staumauer Kops 1968 (1968) S 66,--

Heft 17: 9. Talsperren-Kongreß in Istanbul 1967 (1969) S 145,--

Heft 18: Österreichische Beiträge zum Talsperrenkongreß Montréal (197o) S 17o,--

Heft 19: Prof.Dr. Hermann G r e n g g : Statistik 1971 der Talsperren, Kunstspeicher und Flußstauwerke (1971) S 293,--

Heft 2o: Dipl.Ing.Dr.techn. Josef K o r b e r : Die Entlastungsanlagen der österreichischen Talsperren S 28o,--

Heft 21: Österreichische Beiträge zum Talsperrenkongreß in Madrid (1974) S 269,--